U0216266

西方古典建筑与雕塑入门

吾淳 著

漓江出版社

图书在版编目(CIP)数据

西方古典建筑与雕塑入门/吾淳 著. —桂林：漓江出版社，2019.7
ISBN 978-7-5407-8553-6

Ⅰ.①西… Ⅱ.①吾… Ⅲ.①古典建筑－建筑艺术－研究－西方国家 ②雕塑评论－西方国家 Ⅳ.①TU-091 ②J305.5

中国版本图书馆 CIP 数据核字(2018)第 270054 号

西方古典建筑与雕塑入门(Xifang Gudian Jianzhu yu Diaosu Rumen)

作者:吾淳

出 版 人:刘迪才
出 品 人:吴晓妮
策　　划:叶　子
责任编辑:韩亚平
装帧设计:何　萌
责任营销:周士武
责任监印:陈娅妮

漓江出版社有限公司出版发行
社址:广西桂林市南环路 22 号　邮政编码:541002
网址:http://www.lijiangbook.com
发行电话:010-85893190　　0773-2583322
传　　真:010-85890870-814　0773-2582200
邮购热线:0773-2583322
电子信箱:ljcbs@163.com

三河市中晟雅豪印务有限公司印刷
(河北省三河市泃阳镇错桥村　邮政编码:065299)
开本:880mm×1 230mm　1/32
印张:11.25　字数:210 千字
版次:2019 年 7 月第 1 版
印次:2019 年 7 月第 1 次印刷
定价:39.80 元

目 录

序言

致喜爱古典艺术的读者

2015 年 10 月，我的《西方古典绘画入门》和《西方古典音乐入门》两本书由漓江出版社出版。两年多过去了，现在这个系列的第三本书《西方古典建筑与雕塑入门》已经完成写作并交付出版。

与绘画和音乐一样，建筑与雕塑同样是西方艺术文化中十分重要的领域和内容，并且就目前广泛能欣赏到的作品而言，建筑与雕塑可以追溯的历史要更为久远。《西方古典绘画入门》和《西方古典音乐入门》两本书的内容都是从文艺复兴或巴洛克以后讲起的，而《西方古典建筑与雕塑入门》这本书的内容却都要追溯到古代希腊，甚至要追溯到更早的源头——古代埃及。打个不太恰当的比方：如果把整部西方艺术看成是一出剧目，一场演出，那么，绘画与音乐这两位“主角”可以说是在下半场以后才登场的，而建筑与雕塑这两个“主角”却是从上半场一开始就登台了，并且要演满全场。

不过，虽然时间悠长，就绝对数目而言，建筑与雕塑的作品量却未见得比绘画和音乐丰富，这自然与不同艺术形式自身的性质有关，在此不表，但这的确是我将这两个内容合著的最重要理由；与此同时，建筑与雕塑本身也是一对天然的“兄弟”或“姊妹”，就形式而言，它们都属于三维的艺术，这一点明显区别于绘画；除此之外，就历史来说，建筑与雕塑从一开始就形影不离，在很长一段时间里，雕塑几乎都依附于建筑，不是在里面，就是在外面，始终陪伴左右，直到17、18世纪以后，二者才彻底分离开来。所有这些就是我将建筑与雕塑合著的理由。这么说吧，在我看来，合著更有利于这两种古典艺术形式的叙述。

当然，建筑与雕塑也有各自的特点。建筑在所有视觉艺术门类中，体量无疑是最大的；并且，与绘画和雕塑不同，它与知识或科学之间有着更为紧密的关联；而且，建筑这一形式又表现出更强的节奏感和韵律感，也具有更强的抽象性，这一点确与音乐有几分相似，这就难怪歌德与雨果都说建筑很像音乐。如果说建筑像音乐，那么雕塑就是石头中的生命；与建筑相比，雕塑和绘画都属于具象艺术，只不过雕塑是三维的，绘画是二维的；当然，也正因为它是三维的，所以比起绘画，雕塑对解剖知识的要求也就更高。在欣赏中我们需要注意这样一些区别。

《西方古典建筑与雕塑入门》一书总计提供300幅图片，其中建筑部分200幅，雕塑部分100幅，部分作品（主要是建筑）会使用不止一幅图片。全书4个单元，每个单元下设5讲，共20讲。具体为：

第 1 单元，从源头到中世纪的建筑（约公元前 14 世纪—约 1500 年），100 幅图片；第 2 单元，从源头到中世纪的雕塑（约公元前 8 世纪—1400 年），50 幅图片；第 3 单元，从文艺复兴到古典余波的建筑（约 1500 年—20 世纪初），100 幅图片；第 4 单元，从文艺复兴到古典余波的雕塑（约 1400 年—20 世纪初），50 幅图片。我尽可能用有限的字数或篇幅详细介绍不同时期的主要建筑与雕塑代表作，全书的 300 幅图片力图展示和概括西方古典建筑与雕塑的基本面貌，通过这样的考察，我们或许可以比较系统地了解西方古典建筑与雕塑的历史进程和发展变化。需要说明的是，图片我尽量用自己拍摄的，其余有些来自所参考文献，还有相当部分来自网络，这些图片与公众分享而无版权要求，在此我深深表达谢意。另本书附图形式比前两本书也有所改变，所有图片均以彩页形式置于书尾，这更有利于观赏，对此我也要深深感谢出版社这一从读者或阅读出发的重大调整。

还是要感谢漓江出版社的叶子编辑和吴晓妮主编，感谢她们的大力支持和认真工作。

现在让我们继续上路！

吾淳

2017 年 11 月初书于沪上

本书使用方法

在本书正文部分，我对每件作品都作了文字介绍，视作品的地位即重要性而有所侧重。同时，每件作品在正文后的彩页中都附有图示，可供文字对照，图示注明了序号、名称、所在地或馆藏，例如：图 15，卫城帕特农神庙，希腊雅典；图 121，菲狄亚斯：《三女神》，英国伦敦大英博物馆。

本书附有建筑与雕塑作品的相关信息索引，它可以充分体现本书功能之一——导赏手册的价值。信息主要包括：（1）国别；（2）作品所在地点（如城市或博物馆与美术馆）；（3）作品名称；（4）作者（如有的话）；（5）序号；（6）时间。提供信息索引的一个重要目的，就是为了便于你去国外旅游并参观建筑或博物馆、美术馆所藏雕塑时可以按图索骥，具体使用方法在索引中会详细说明，你可以结合正文和图示一并使用。另外，本书也附了使用资料及参考书目，以便你充分理解资料的出处，并且可以循此做进一步的延伸阅读。

第
1 单
元

从源头到中世纪的建筑

约 公 元 前 1 4 世 纪 — 约 1 5 0 0 年

本单元标题为：从源头到中世纪的建筑（约公元前14世纪—约1500年）。下设的内容包括：1．古埃及——西方建筑的源头；2．古希腊建筑——以雅典卫城和帕特农神庙为中心；3．古罗马建筑——角斗场、万神殿、公共浴场及巴西利卡式样；4．中世纪前期与中期——罗马传统的延续、拜占庭样式的兴起以及罗曼式或罗马风建筑；5．中世纪后期——以巴黎圣母院和夏特尔主教堂等为代表的哥特式建筑。

讲西方建筑的历史应当而且必须从东方讲起。因为东方建筑是西方建筑的源头，正是包括埃及与中东在内的东方，给西方提供了建筑的内容（如神庙）和形式（如柱式）。离开东方，西方无从讲起；若置东方于不顾，那这样的西方既不真实，也不厚道。

当然，西方建筑真正的起点或起步是在希腊。希腊建筑发端于克里特和迈锡尼，经奥林匹亚等地的发展，最后在最强大的政治与军事城邦，也是商业、贸易、经济和知识、思想、文化中心——雅典这里取得最辉煌的成就，其代表即是雅典卫城的一系列伟大建筑，帕特农神庙至今巍然耸立。不止如此，希腊还提供了西方建筑中最为重要的语汇：三种基本柱式以及山墙，它们是西方建筑中最优美的形式，并且也是西方艺术中最美好的灵魂、符号和记忆。

紧随希腊，是罗马的登场。罗马绍续希腊，但与希腊又有所不同。罗马人不像希腊人那样专注学问和着迷玄思，他们是天生的工匠，有优秀的技术，能够建造出伟大的建筑。罗马人创造和掌握了一系列新的建筑样式与技艺：拱券、穹顶以及宏伟的巴西利卡。以这些样式即技艺为基础，罗马人建造了水道桥、角斗场、万神殿以及大型公共浴场和会堂。可以毫不夸张地说，罗马是西方建筑史上第一个高峰时期。直至今日，那些伟大建筑依旧照耀后人。

罗马之后，西方建筑相对低落和沉寂，不过这种低落和沉寂是相对前后两个高峰而言的，从4世纪到12世纪大致可以看作一个过渡时期。在这个时期，拜占庭建筑异军突起，其以罗马为基础，在穹顶建造技术方面取得了革命性的进展，极大地影响了西方及阿拉伯世界的天际线；随后，11—12世纪刮起了罗马风，在这阵风中，人们探索着立柱与拱券技术，教堂开始不断向上攀登，并为下一个辉煌时代奠定基石。

西方建筑史的第二个高峰出现于1150年—1500年间，也就是人们通常说的哥特式建筑时期。伴随着信徒对天国的美好向往，加之罗马风的经验积累与技术铺垫，从12世纪起，西方人进一步向新的建筑高度攀登。在接下来的几个世纪里，一座座巨大的教堂拔地而起，塔尖直刺云天，深刻地改变了西方的天际线，其最著名者有如巴黎圣母院、夏特尔主教堂等。到了哥特时代晚期，教堂的“超现实”体量和高度甚至可以用恐怖来形容，至今震撼观者的心灵。

◦1◦

约公元前 3000 年—前 13 世纪

古埃及——西方建筑的源头

背 景

埃及与两河流域即美索不达米亚文明都可以追溯到公元前 3000 年左右。这两个文明都是在河谷即农耕文化的基础上发展起来的，它们率先进入到城市、国家、王朝或帝国的文明模式。相当一部分西方历史的叙述会从埃及与两河流域文明开始，因为这里是西方文明的源头，这其中自然也包含建筑。这里我们主要考察与希腊、罗马“隔岸相望”的埃及建筑。埃及历史大致可分为三个时期：古王国（公元前 2630 年起）、中王国（公元前 2040 年起）、新王国（公元前 1550 年起）。值得一提的是，公元前 14 世纪中叶，阿蒙霍特普四世（Amenhotep IV）也就是阿肯那吞（Akhenaten，公元前 1353 年—前 1335 年在位）试图进行宗教改革，撤空神庙，将阿蒙的名字从铭文中抹去，包括自己和父亲的名字，宣称唯一的万能神为阿吞（Aton），这使得古埃及的宗教信仰及建筑传统遭受了重创，虽拉美西斯（Ramses）时期有所恢复，但埃及建筑总体而言在公元前12世纪以后逐渐失去了往日的辉煌。黑格尔说古埃及的建筑是属于象征性的，这不无道理。古埃及能够留到今天的建筑主要是两类：墓葬和神庙，其中神庙又包括大厅、门洞、立柱、方尖碑以及附属雕塑等形式，这些都深刻影响了日后以希腊为起点的西方建筑。太阳从东方升起，我们就从太阳升起的地方开始西方建筑之旅。

欣赏作品

1-1 金字塔

吉萨金字塔群及狮身人面像，约公元前2601年—前2515年（图1）

1-2 神庙、立柱与方尖碑

哈特舍普苏特女王陵庙，约公元前1473年—前1458年（图2）

卡尔纳克阿蒙神庙，约公元前1290年—前1224年（图3）

卡尔纳克阿蒙神庙圆柱，约公元前1290年—前1224年（图4）

卢克索阿蒙神庙方尖碑，公元前1280年—前1220年（图5）

作品简介

金字塔 我们熟知的金字塔就是从王室陵墓发展而来。金字塔的建造可能与太阳神——“拉”有关，因为传说中拉神的象征就是金字塔形的石头，在许多国王即法老墓室的金字塔铭文中都提到，太阳的光线是法老死后升天的通道，这种观念与中国古代凭借巫师及玉琮这样的法器来通天如出一辙。埃及现存最早的金字塔是古王国第三王朝时期的佐塞尔金字塔，约建于公元前2630年，位于当时首都孟菲斯

（Menphis）的死者之城萨卡拉。

吉萨金字塔群及狮身人面像 古埃及最负盛名的金字塔是建造于古王国第四王朝时期，位于今天开罗南面的吉萨金字塔群，这是古埃及建筑历史上的巅峰之作。吉萨金字塔群包括胡夫(Khufu,最大的一座，约建于公元前2601年—前2528年)、哈弗拉(Khafra,约公元前2570年—前2544年，中间一座）、孟卡拉（Menkaure，最小的一座，约公元前2533年—前2515年）三座金字塔。其中胡夫金字塔基座占地52 900平方米，每边长约230米，原本高度为147米，目前高度约135米，共消耗石料约230万块，每块平均重2.5吨。拿破仑的学者曾计算过，三座金字塔所用石料如砌一道宽20厘米，高3米的石墙，可以环法国一周。在哈弗拉金字塔前方有一座诡异却堪称伟大的雕塑——斯芬克斯狮身人面像（两者通过砌道相连），人面即哈弗拉的头像，其长约57米，高20余米，威严地俯瞰着下方的哈弗拉河谷神庙。吉萨金字塔群于1979年列入世界文化遗产。

神庙、立柱与方尖碑 神庙是新王国时期出现的“新事物”，乃为神灵崇拜的需要而建造。新王国时期最著名的神庙有：达尔巴赫里的哈特舍普苏特女王陵庙，底比斯的卡尔纳克阿蒙神庙和卢克索阿蒙神庙，以及阿布辛贝勒的拉美西斯二世（Ramses II）神庙。需要说明的是，神庙这一形式日后为希腊及罗马文明所继承，这也包括细部，例如埃及神庙的高侧窗形式就直接为罗马时期的巴西利卡建筑提供了样本，并且还一直影响到中世纪教堂及以后的西方建筑。与此同时，埃及许多神庙都有高大的立柱，粗壮、强悍、霸道，给人“虎背熊腰”的印象，且一个紧挨着一个；柱子上面刻着各种古老的符号和图案，看似千篇一律，实则变化多端，因此令人着迷。是的，正是这些“顶梁柱”托起了无数神庙，同时也开始了立柱——这一西方石构建筑中最基本形式的历史进程，而其中一些已极具后来希腊柱式的神韵，例如佐塞尔金字塔墓区通道柱廊和阿门内姆哈特墓大厅柱子，想必希腊与罗马都在这里受到启发。与金字塔相同，方尖碑亦是太阳的象征，它用一整块花岗岩制成并镌刻上象形文字，表面光滑、简洁，挺拔而不失秀美，既具有神圣感，也极富装饰性，通常被置于神庙大门之前，与梯墙、雕塑构成完整的视觉图景。或许，方尖碑的出现是“理性”的产物，方尖碑就是金字塔的变体，新王国时期的法老仅仅通过方尖碑而非金字塔就可以达到相同的目的。方尖碑以后也为欧洲文化所接受，罗马人、法国人都先后将这一形制带到西方，美国人同样在他们的国会山和林肯纪念堂之间竖起这样一个漂亮的“家伙”。

哈特舍普苏特女王陵庙　哈特舍普苏特女王是埃及历史上也是世界历史上第一位留名青史的女王，为她建立的陵庙（也称祭庙或陵墓）是新王国第十八王朝时期最伟大的建筑，至今保存完整。这是一个有三层平台、三层柱廊的建筑，中轴对称布局，各层以坡道连接，整个建筑一气呵成。后面的岩壁拔地而起，宽阔、陡峭，也给前面的建筑平添了神圣和庄重的气氛。

卡尔纳克阿蒙神庙　卡尔纳克阿蒙神庙历经几代法老修扩建后占地约100公顷，其长366米，宽110米，规模恢宏，气势惊人。神庙沿东西与南北两条轴线布局，由三部分庙区组成，以阿蒙庙区最大；整个庙区设有6道庙门，包括梯墙和方尖碑，梯墙上浮雕琳琅满目；此外，卡尔纳克神庙还有著名的百柱大厅。在卡尔纳克神庙，我们能够彻底领略什么叫作威严，这正是神的力量。

卡尔纳克阿蒙神庙圆柱　卡尔纳克神庙的百柱大厅在整个神庙的中心位置，约5000平方米，里面矗立着16排134根浑圆的立柱，最高达 22 米、最宽约 6.6 米；立柱线条流畅，其上布满阴纹图案；柱头式样丰富，有莲花、棕榈等；由于柱子所占用空间大于实用空间，因此似乎堆成一团，密不透风；阳光勉强挤进这些石林，森严的图景令人生畏。

卢克索阿蒙神庙方尖碑 底比斯有两座重要神庙：卡尔纳克与卢克索，这两座神庙中至今仍保存有完好的方尖碑。如卡尔纳克神庙的方尖碑高达 23 米，据说当时最高的可达 30 米；在卢克索神庙，我们能看到巨大的拉美西斯二世像坐落在入口两侧，在它的前面就耸立着一对方尖碑，但现在只剩其中一座。

◦2◦

约公元前14世纪—前2世纪

古希腊建筑——以雅典卫城和帕特农神庙为中心

背 景

古希腊的历史最早可以追溯至位于克里特岛克诺索斯的米诺斯文化，公元前1700年—前1400年期间这一文化已经达到较高的文明水平。大约在公元前1500年—前1200年，位于希腊本土南部的迈锡尼文明繁荣了起来。公元前12世纪—前11世纪，由于多里安人［Dorier，或称多立斯人（Doris）］的频繁入侵，迈锡尼文明开始衰落，希腊也进入所谓的“黑暗时代”。与此同时，它也导致了希腊历史上持续约四个世纪的大规模海外殖民，即导致了希腊文明的东移。在古希腊神话传说中，早期希腊的历史就是一部迁徙和移民的历史。根据历史学家的一般看法，公元前800年—前500年是后世或通常所说希腊文明的重要形成时期，包括雅典所在的阿提卡地区及小亚细亚西部沿岸都在这一时期获得了迅速发展。公元前500年，雅典经过克利斯提尼的改革出现了民主政治，之后直到公元前430年左右是雅典的鼎盛时期，并且雅典也成为整个希腊世界或地中海地区的领袖或霸主；公元前429年，雅典遭遇瘟疫，人口减少近半，伟大执政者伯里克利亦染疾而终，之后雅典又在与斯巴达的战争中惨败，雅典的霸主地位遂告结束。直到公元前336年，希腊世界一直处于混乱状态。以上这段时期通常也被视作古典时期。公元前336年，亚历山大继承其父腓力二世的王位，由此开始了希腊化时期；公元前31年，罗马完成了对马其顿和埃及的全部征服，希腊时代结束，罗马时代开始。与此对应，古希腊包括建筑在内的艺术大致可划分为如下时期：古风时期（约起始于公元前700年）、古典时期（通常以公元前480年作为起点）、希腊化时期（通常以公元前336年作为起点）。古希腊是整个西方文明的真正起点，同样，希腊建筑也是西方建筑的真正起点。受到古埃及等建筑的影响，古希腊大部分建筑也主要由石材构成，并由此确立或规定了西方建筑材料的基本面貌。公元前500年左右，就是雅典步入鼎盛时期前后，希腊的建筑也进入了一个全盛期。黑格尔将希腊与埃及相对应，将埃及建筑定义为象征型，将希腊建筑定义为古典型。按照黑格尔的理解，古典型建筑的主要特征是：建筑之美开始脱离象征而注重目的性本身，具有一种独立的精神；在形式上体现为普遍反映和谐法则，也就是遵循或恪守一定或基本的比例关系。但古希腊存留下来的建筑仍以神庙为主，这表明了其与埃及的连贯性。希腊成熟的神庙结构庄严，体量宏伟，山墙及山花形式优美；特别值得注意的是，柱式在这里获得了空前的发展，并确立了多立克、爱奥尼亚、科林斯三种固定形制，而这也成为日后西方建筑的一个最基本符号。总之，可以这样说，希腊建筑为整个西方建筑提供了最基本的规范与形式，由此成为西方建筑的“奠基石”，并且至今依旧令人心醉神迷。

欣赏作品

2-1 克里特与迈锡尼：希腊建筑的起点

克里特岛米诺斯文明克诺索斯王宫，约公元前 1700 年—前 1400 年（俯瞰，图 6）

迈锡尼卫城狮子门，约公元前 1300 年（图 7）

2-2 古风时期或早期：各地神庙

奥林匹亚赫拉神庙与宙斯神庙，前者约公元前 7 世纪，后者公元前 470 年—456 年（图 8）

柏埃斯图姆赫拉神庙，1 号约公元前 550 年，2 号约公元前 500 年（图 9）

爱琴纳岛爱法伊俄神庙，约公元前 500 年—前 490 年（图 10）

阿提卡索尼奥角波塞冬神庙，公元前 5 世纪（图 11）

2-3 古典盛期：以雅典卫城和帕特农神庙为中心

卫城，公元前 447 年—前 406 年（远眺与鸟瞰，图 12、13）

卫城山门，公元前 437 年—前 432 年（图 14）

卫城帕特农神庙，公元前 447 年—前 438 年（西侧与东侧，图 15、16）

卫城雅典娜—尼刻神庙，公元前 427 年—前 421 年（图 17）

卫城伊瑞克提翁神庙，公元前 421 年—前 406 年（图 18）

2-4 柱式与山墙

多立克柱式（图 19）

爱奥尼亚柱式（图 20）

科林斯柱式（图 21）

山墙（图 22）

2-5　剧场与运动场

卫城下方狄俄尼索斯剧场，约公元前 5 世纪（图 23）

埃比多拉斯剧场，约公元前 350 年—前 330 年（图 24）

2-6　希腊化时期

列雪格拉德纪念亭，建于公元前 334 年（图 25）

迪迪马阿波罗神庙，始建于公元前 313 年（图 26）

帕加马宙斯祭坛，公元前 180 年—前 170 年（图 27）

作品简介

克里特与迈锡尼：希腊建筑的起点　讲述希腊建筑的起点通常会追溯到最初的克里特岛文明及之后的迈锡尼文明，时间大约是从公元前 17 世纪到前 13 世纪。这两个文明中，前者华丽轻巧，后者质朴沉重。

克里特岛米诺斯文明克诺索斯王宫　克里特岛米诺斯文明大约起源于公元前 2000 年左右，但公元前 1700 年左右的一次地震将原有建筑全部摧毁。现在所看到的克诺索斯王宫是公元前 1700 年以后建造的，为米诺斯王的宅邸。宫殿占地约 20000 平方米，平面设计与立面设计都十分复杂，建筑物有众多房间，上下可达三四层，地底有用陶制管道铺成的排水系统，不同区域有楼梯相连，并且还有纵横交错的通道，而这正符合希腊神话中忒修斯战胜半人半牛怪物弥诺陶后，在阿里阿德涅帮助下走出迷宫的传说。大约在 1375 年，这里遭受严重的破坏。20 世纪，宫殿部分立柱与壁画重新修复，人们得以见识公元前 1500 年的辉煌。

迈锡尼卫城狮子门 公元前1500年左右，受到克里特文明影响，伯罗奔尼撒半岛上的迈锡尼文明开始形成并渐趋昌盛。目前这一文明时期保存尚好的建筑有狮子门和阿特柔斯（Atreus）宝库。狮子门是迈锡尼要塞或卫城的一道城门，我们看到大门横梁上方三角形空间处站立着两只威风凛凛的石狮子，有学者指出这很可能就是斯芬克斯，它被安放在重要位置作为“守护神”。阿特柔斯宝库是传说中阿伽门农与墨涅拉俄斯的父亲阿特柔斯的藏宝地，其实这是一个圆形墓室，它的建筑意义在于高13米的穹隆，1500年后罗马人才超越这一成就。公元前1250年—前1200年左右迈锡尼遭遇北方多里安人的入侵，文明就此中断。迈锡尼考古遗址1999年列入世界文化遗产。

古风时期或早期：各地神庙 约公元前6世纪起，一座座宏伟的神庙出现在希腊本土、爱琴海诸岛屿以及小亚细亚西部海岸。希腊神庙通常是建在山丘之上的卫城，卫城（acropolis）的原意就是“高高的城市”，神居高临下，俯瞰着众生。最初神庙建造是以木头和泥砖做材料，古风时期始用石材；由于大理石在希腊本土极易获得，因此很快传遍整个希腊世界，并且这也奠定了日后西方古典建筑的基本格局。希腊神庙结构呈长方形，早期宽长比通常为1∶3，6世纪以后逐步趋向1∶2的黄金分割；里面是有墙体围合的内殿，殿中放置所供奉的神像；内殿墙外四周有一圈柱廊，正面通常为6—8根立柱，侧面12—16根；立柱上面覆梁架和屋顶。

奥林匹亚赫拉神庙与宙斯神庙 奥林匹亚目前残存有多座古风时期的建筑，包括赫拉神庙、宙斯神庙、圆形神庙，其中仅赫拉（宙斯之妻）神庙保存稍好，其石基狭长，柱子矮壮。不过好在奥林匹亚已建有考古博物馆，其中存放着一些极其珍贵的雕塑作品，包括宙斯神庙约公元前460年的东西山墙雕塑和希腊著名雕塑家普拉克西特列斯于公元前330年左右制作的《使者赫耳墨斯和婴儿狄俄尼索斯》。顺便提一下，网上许多信息都将奥林匹亚宙斯神庙与雅典宙斯神庙搞错，以后者混同前者。奥林匹亚考古遗址1989年被列入世界文化遗产。

柏埃斯图姆赫拉神庙　位于意大利那不勒斯南部柏埃斯图姆的1号赫拉神庙保存了最为完整的古风时期多立克廊柱。其中神庙正面廊柱为单数即9根立柱，而非后来所普遍采用的双数，因此对称感有所欠缺；两侧各18根立柱，正、侧面之比1∶2；柱身与柱头显得粗壮臃肿，有埃及之风。总体而言，柏埃斯图姆的1号赫拉神庙还显得拙朴、幼稚。紧挨在旁边的是2号赫拉神庙。柏埃斯图姆考古遗址1998年被列入世界文化遗产。

爱琴纳岛爱法伊俄神庙　爱法伊俄神庙坐落在爱琴纳岛（或译埃伊那岛）的山脊上，俯瞰着壮阔的大海。神庙同样采用多立克柱式，但比起柏埃斯图姆显得更加纤秀，柱与柱之间的间隙也更大，视觉更通透，这体现了明显的进步。我提供的照片拍摄于2005年。特别值得一提的是，神庙山墙上满是等身大小的塑像，描述了希腊人与特洛伊人战争的场景，现在这些雕塑都保存在德国慕尼黑的古代雕塑博物馆。

阿提卡索尼奥角波塞冬神庙　神庙修建于公元前5世纪，坐落在阿提卡索尼奥角，这里是从爱琴海来希腊时最先看到的陆地，因此人们在此建庙敬献给海神波塞冬，这与中国南方沿海建妈祖庙是一个道理。现在神庙仅残存部分多立克立柱和横梁，但仍可想象昔日的壮丽。

古典盛期：以雅典卫城和帕特农神庙为中心　雅典（Athens）因女神雅典娜（Athena）而得名。在希腊神话里面，雅典娜司战争、和平及守护。她战力超群，甚至胜过战神阿瑞斯。传说海神波塞冬曾与雅典娜争夺过雅典这座城市，最终雅典娜凭借让岩石长出象征和平的橄榄树而赢得比赛，并成为雅典的庇护神。由于雅典娜能保证胜利，因而也被称作雅典娜—尼刻（Athena Nike），Nike 有胜利之意（今天的体育品牌 Nike 即取此意）。公元前 499 年希腊与波斯之间发生战争，交战一直持续到公元前 449 年，历时半个世纪，史称希波战争。在这场战争中，雅典作为希腊最大的城邦扮演了重要的角色，同时也损失最大，公元前 480 年雅典还一度为薛西斯大军所占领。是年的萨拉米斯海战成为希波战争的重要转折点。希腊联合舰队在雅典指挥官迪米斯托克利斯指挥下一举击败波斯海军，并迫使其撤回亚洲。由此，雅典获得了整个希腊世界的尊重。可以这样说，萨拉米斯海战的胜利开创了雅典的黄金时代。西方艺术史家也通常将希腊联军打败波斯作为古典时期的开端，并且认为希波战争结束后的几十年是希腊文明及艺术的巅峰时期，雅典卫城就是这一时期建筑的辉煌成果。

卫城　为齐心协力抗击波斯，希腊人于公元前 478 年成立了“提洛同盟”。公元前 454 年，随着霸主地位的确立，雅典人以安全为由将“提洛同盟”位于提洛岛的金库挪到雅典。由于波斯占领雅典期间将原卫城夷为平地，因此伯里克利担任雅典执政官后，便动用“提洛同盟”资金重建雅典卫城。雅典卫城的重建是一项雄心勃勃的工程，始于公元前 449 年，终于公元前 406 年。具体顺序如下：最早建造的是帕特农神庙（公元前 447 年—前 438 年），接着是山门（公元前 437 年—前 432 年），最后是雅典娜—尼刻神庙（公元前 427 年—前 421 年）和伊瑞克提翁神庙（公元前 421 年—前 406 年）。如前所述，公元前 429 年伯里克利染瘟疫而亡，并没有见到整个卫城建筑的最后落成。卫城带给雅典的是无上光荣和骄傲，雅典每四年举行一次泛雅典娜节，届时全体公民都会聚集于此，少女以城邦名义向守护神雅典娜敬献祭品。对于雅典卫城，《加德纳艺术通史》中这样赞誉道：“人类的创造性才能在伯里克利的雅典卫城中体现得淋漓尽致，西方文明史上的任何地方、任何时代都无法与之相比。”雅典卫城 1987 年被列入世界文化遗产。

卫城山门 卫城山门比帕特农神庙晚建，但由于参观须先经此地，所以这里也先行叙述。帕特农神庙尚未完全建成时山门已经动工了。山门是卫城的入口，面西，由中间的主体建筑和侧翼的辅助建筑组成，主体凹进，侧翼凸出，从平面看呈 H 形，似张开双臂迎接祭祀者；通往山门的中间部分设计成坡道，供泛雅典娜节游行队伍及车马使用，两旁是台阶，朝拜者可拾级而上；山门正面外层柱廊为 6 根多立克立柱，里面采用爱奥尼亚立柱。公元前 432 年伯罗奔尼撒战争爆发后工程便停滞了，事实上是永久性地被搁置了。

卫城帕特农神庙 帕特农神庙虽工程浩大，却耗时很短，从公元前 447 年—前 438 年，仅仅用了 11 年，它便辉煌地矗立在卫城台地之上，这实际上也从一个侧面反映了伯里克利时期决心的坚定、资金的充足、组织的高效，此时的雅典人如日中天，且奋发图强，斗志昂扬。帕特农神庙的建筑师是伊克提诺斯（Iktinos）和卡利克拉特（Kallikrates），著名雕塑家菲狄亚斯（Phidias）负责所有浮雕装饰的监工。希腊古典盛期对于美或和谐的理解在这座高贵的建筑上得到充分体现，其基本的比例关系大抵是 9∶4，代数形式可表述为 $x=2y+1$。如神庙短边即东西两端为 8 根立柱，长边即两侧各 17 根立柱就反映了这一比例关系（$17=2\times8+1$），与此相关，基座长宽比也遵循这一原则。神庙立柱为多立克式，素朴、简约，却又庄重，与早期神庙相比，立柱肚凸已很细微，由此显得愈加匀称。同时伊克提诺斯和卡利克拉特为保障视觉完美又采取了一系列高超的“变形”技巧：基座中间微微隆起，与四周形成一个浅浅的弧度；立柱由外向内稍稍倾斜，造成一定向心感（据测算，如果这些立柱可以延伸，则会在神庙上方2.4公里处交会）；此外，拐角处的立柱要比其他立柱粗5厘米左右。这些都是为了补偿观看时容易产生的错觉，之中的美妙真是难以言表。神庙内殿宽敞，由菲狄亚斯制作的雅典娜精美立像供奉其间，不过比起神庙外观的显赫仍不可同日而语。不幸的是，帕特农神庙之后命运多舛，历经磨难：它曾或被改造成拜占庭教堂，或被改造成天主教教堂，奥斯曼征服希腊之后甚至还被改造成清真寺，每一次改造又都是一次随心所欲、各取所需却也是名副其实的破坏。在此期间，神殿所供奉的雅典娜神像被东罗马人掠走，但在运回途中永远“石沉大海”。最夸张的是，土耳其人竟然还将这里当作军火库。结果1687年威尼斯人围困卫城，炮火直接命中帕特农神庙引起爆炸，神庙中心部位被掀飞，顷刻之间荡然无存。这还没完，威尼斯人占领卫城后又试图剥走神庙山墙上的浮雕，愚蠢和粗野再次造成相当多雕像“粉身碎骨”。不幸中的万幸是，东西两端山墙即三角楣部分的雕像躲过一劫。1801年，英国驻土耳其大使埃尔金将残存装饰偷回英国，并在1816年卖给大英博物馆，这其中就包括东侧三角楣上的“命运三女神”。今天，经过无数代人的不懈保护和修缮，帕特农神庙的多立克柱廊又重新完好地站立了起来，它们依旧是那么挺拔，无声中透露出崇高和典雅。格兰西《建筑的故事》中赞美道：“帕特农神庙也许是有史以来最伟大和最有影响力的建筑。她美轮美奂，永远散发着迷人的气息。”1842年，一座模仿帕特农神庙的建筑——瓦尔哈拉神殿即烈士纪念堂在德国巴伐利亚雷根斯堡河谷一侧的山顶上伫立起来，也是多立克风格，也是正面8根立柱，侧面17根立柱，它多少让人们得以领略昔日帕特农神庙辉煌时所具有的神采。

卫城雅典娜—尼刻神庙 这个专为供奉胜利女神而建的神庙不大，长8.14米，宽5.4米，位于山门西南侧凸出部，一说也由卡利克拉特设计。工程虽在公元前449年就设计了模型，用于庆祝希波战争的胜利，但直到公元前421年方告完成，其时雅典与斯巴达之间的伯罗奔尼撒战争已经打了10年，按陈志华《外国古建筑二十讲》的说法，雅典人此刻已经不是用它来欢庆胜利，而是用它来祈求胜利了。如今神庙东西两面各4根爱奥尼亚立柱保存尚好，廊柱上方檐板浮雕犹存，向人们展示了希波战争包括马拉松战役的场景，栩栩如生，但屋顶与山墙已经不在。

卫城伊瑞克提翁神庙 伊瑞克提翁（或译厄瑞克特翁）神庙是整个建筑群中最后建造的，位于卫城台地正北侧，距帕特农神庙40米，为建筑群中第二大建筑，总体属于爱奥尼亚风格。由于地势错落且作为圣地不允许改变的原因，伊瑞克提翁神庙被分成四个区域并对应四个外立面，各个立面均处在不同水平线上。神庙最引人注目的是南立面柱廊，由6根高2.1米的女像柱即6尊少女雕像组成；少女头顶花篮，东侧3人屈右腿，西侧3人屈左腿，自然下垂的衣褶表现出女性肉体的韵律之美，承重腿则通过带有凹槽的衣裙加以掩饰；南墙是一整片雪白大理石，炽烈的阳光将6位少女衬托得熠熠生辉。不过黑格尔似乎对此类样式不以为然。他认为："这种人体形状是多余的，因为人像本来不是用来撑持重量的。""这种办法可以看作对人的形体的滥用。"（黑格尔《美学》，第三卷上册，第58页）你怎么看呢?

柱式与山墙 在希腊神庙的建造中，立柱与山墙是两个重要的元素。关于立柱，黑格尔曾说："希腊建筑的特点却在于它造出一种专为支撑用的石柱，它运用柱来实现建筑的目的性，同时也产生美。"

（《美学》，第三卷上册，第 67 页）立柱一般由鼓状石块叠置而成，中间用金属暗榫连接。在长久的建造过程中，希腊人逐渐发展出多立克、爱奥尼亚、科林斯三种主要柱式。可以说，正是这些立柱使得那些宏伟的庙宇或建筑物产生了神奇的庄严感。与立柱一同成熟起来的还有山墙这一形式，山墙上通常布满雕像，它们被用来讲述故事。值得说明的是，希腊人在建筑形式的确立过程中很可能参照了人体比例关系。古罗马建筑师维特鲁威在他的《建筑十书》中对此有所记载："既然大自然按照比例使肢体与整个外形配称来构成人体，那么，古人们似乎就有根据来规定建筑的各个局部对于整体外貌应当保持的正确的以数量规定的关系。"并明确说：多立克柱式是模仿男人形体，爱奥尼亚柱式是模仿女人形体。（转自陈志华：《外国古建筑二十讲》）

多立克柱式　多立克柱式形成于希腊大陆，是三种柱式中最早的，或许是由埃及哈特舍普苏特女王祭庙、克里特岛克诺索斯王宫和迈锡尼王宫立柱综合演变而来。多立克柱式的特点：柱身由下向上逐渐收缩，也叫收分；表面有凹槽，凹槽间的脊较尖；柱底径与柱身比约为 1∶5.5；柱头简约无华。正如维特鲁威所说，多立克柱式的形象很像男人，粗壮、朴实、敦厚，有阳刚之气。书后彩页里我所拍摄的是卫城山门的多立克立柱（图 19）。

爱奥尼亚柱式　爱奥尼亚柱式在多立克柱式之后出现，最初主要流行于爱琴海诸岛屿和小亚细亚西部沿岸。其特点是柱身也是下粗上细逐渐收分，但由于修长故收分并不明显；柱底径与柱身比约为 1∶8，就像是女人，体态轻盈而雅致；表面凹槽间用线脚带区隔，不同于多立克的尖脊；最突出的是柱头，为对称涡卷（Volute），一说像公羊角。卫城雅典娜—尼刻神庙就是爱奥尼亚柱式，现在仍然依稀可辨。

科林斯柱式　科林斯柱式是古希腊三种柱式中最后登场的，一说这种柱式在公元前5世纪后期就已经初现，但由于希腊人比较保守，迟迟不愿采用，直到公元前2世纪，这一柱式才开始见诸建筑外部。科林斯柱式被视作爱奥尼亚柱式的变体，二者凹槽完全相同，但科林斯柱身更显苗条；不过科林斯柱式最大的特点还在柱头，其茛苕叶（Acanthus）雕饰宛如一只篮子盛满花草，精致、华美。如果说爱奥尼亚柱式像女子，那么科林斯柱式就更像一位头顶花冠、亭亭玉立的少女。书后彩页里提供的图片是雅典宙斯神庙的科林斯立柱，保存还算完好（图21）。

山墙 山墙，亦称人字墙或三角楣，这是神庙集中展示雕塑之处。目前所能见到最早的山墙雕塑是科孚岛阿尔忒弥斯神庙西立面，约公元前600年—前580年。爱琴纳岛爱法伊俄神庙、奥林匹亚宙斯神庙以及雅典卫城雅典娜神庙的山墙也都或多或少有雕塑存留下来，其中一些，如爱法伊俄神庙东西山墙雕塑、奥林匹亚宙斯神庙山墙上名为《拉庇泰族与肯陶洛斯人（也称半人马族）之战》的雕塑还都相对完好，这些作品我们将会在后面雕塑单元里再专门考察。

剧场与运动场 剧场是希腊人最为重要的公共娱乐场所。希腊剧场的前身或许与举行宗教仪式有关，在仪式中人们会进行表演，而表演则需要场地，通常是一块圆形场地。随着城邦的繁荣，特别是随着神话传说被改编成适合城邦娱乐生活的戏剧表演，真正意义的剧场也就应运而生了，例如我们下面要看到的两处剧场。除剧场外，运动场即体育场也是希腊重要的公共娱乐场所。与现代体育场不同，古代希腊的体育场呈矩形，周围堆斜坡状人工土堤作为观众席。目前在奥林匹亚、埃比多拉斯以及雅典还都保存有这种建筑。

卫城下方狄俄尼索斯剧场 狄俄尼索斯剧场可以说是圆形剧场的

雏形。公元前6世纪左右，希腊人开始崇拜神话传说中的酒神狄俄尼索斯；渐渐地，狄俄尼索斯节即酒神节产生了，每当此时，人们便来到卫城山脚下痛饮狂欢；再接下来，节庆时又有了表演，人们坐在山坡上观看演出；最终大约到公元前5世纪时，雅典人建造了这座以狄俄尼索斯命名的剧场。它位于卫城南坡，也就是帕特农神庙南侧正下方（图8右边远处）。狄俄尼索斯节时，埃斯库罗斯、索福克勒斯和欧里庇得斯的剧目都会在此上演。

埃比多拉斯剧场 剧场约建于公元前350年—前330年，由小波留克列托斯（Polycleitos）设计。中央舞台即乐池直径达20.2米；观众席围拢舞台呈扇形布局，略大于半圆；起初为34排，可容纳6200名观众，后扩建至55排，约12000个座位；看台呈梯形，拉丁语叫作cavea，即“中空”或“洞”，也就是漏斗状，在剧场设计中也叫共鸣缸，具有出色的声学效果，据说它可以将最轻微的低语清晰地传至最远处观众席。剧场虽早已废弃，但至今音响效果依旧相当完美。在埃比多拉斯剧场附近还有一个建于公元前325年的体育场。埃比多拉斯考古遗址1988年被列入世界文化遗产。

希腊化时期 通常以公元前336年，即马其顿国王腓力二世驾崩，其子亚历山大继位作为希腊化时期的起点。亚历山大天资卓越，他登基伊始就开始伟大的远征，大小收服70余城，包括埃及、波斯、美索不达米亚，一度直抵印度和今日阿富汗，但天意又弄人，亚历山大年仅33岁便溘然去世。由于亚历山大生前没有指定继承人，他死后帝国疆域内立即一片混乱，最终一分为三，托勒密占有埃及，塞琉古掠取巴比伦，安提克人控制马其顿，直至最后都归于罗马。希腊化时期是整个希腊文明的尾声，同时也衔接着新的罗马时代。

列雪格拉德纪念亭 最早的圆形建筑是德尔菲圆庙，约建于公元前375年，外部多立克柱廊，内部科林斯柱式，但这一建筑已几成废墟。列雪格拉德纪念亭也是一座圆形建筑，建于公元前334年。列雪格拉德是一位富翁，建此亭是为纪念他所雇用的歌唱队在戏剧节比赛中取得胜利。纪念亭伫立于方形基座上，高11米，由6根科林斯立柱围绕，整体轻巧玲珑。根据研究，这是科林斯柱式第一次被用于建筑外立面。

迪迪马阿波罗神庙 迪迪马的阿波罗神庙始建于公元前313年，直到罗马末期也未完成。神庙由以弗所的帕奥涅斯（Paionios）和米利都的达佛涅斯（Daphnis）两位建筑师设计，构思奇特；神庙行进路线时而巨柱林立，时而隧道幽深，时而庭院疏朗，时而台阶陡峭；一座神庙居然能被设计和建造得“峰回路转”“曲径通幽”“柳暗花明”，充满戏剧性，朝拜或参观者既神志昏昏，又惊喜连连，不能不说别具一格。人们或许会问，这还是希腊神庙吗？毫无疑问，它是神庙，但不是传统意义上的希腊神庙，或不是奥林匹亚和柏埃斯图姆赫拉与宙斯、爱琴纳岛爱法伊俄、阿提卡索尼奥角波塞冬、雅典卫城帕特农那样的神庙。这是一座汲取了诸多东方元素的神庙，神秘、含蓄、晦涩，而和谐、比例、优美这些希腊盛期古典法则或许已不再作为基本的理想，这正是希腊化的一个显著特征。

帕加马宙斯祭坛 这座宙斯祭坛坐落于小亚细亚（今土耳其）西海岸的帕加马，帕加马是希腊化时期重要的中心。祭坛建造于公元前180年—前170年，用于纪念打败进犯的高卢人。建筑东西长34.2米，南北长36.4米，呈U字形布局；座基高达6米，约占整个祭坛高度的三分之二，座基之上为爱奥尼亚式柱廊；祭坛最耀眼之处是围绕座基四周的一圈浮雕饰带，长约120米，高2.3米，由115块宽1米左右的大理石饰板拼接而成；拾级而上至座基平台，祭坛位于正中央。德国考古学家于1878年—1886年间发掘了这一建筑，而后将所有雕像运回柏林，现在我们可以在德国柏林的国家博物馆里看到完整复原的这座祭坛。2007年去那里参观就着实被震撼，你想想，一座巨大的建筑被安放在另一座建筑之中，真是名副其实的“叠床架屋”，仅仅这一想象力就足够令人惊叹！德国柏林国家博物馆所在的柏林博物馆岛1999年被列入世界文化遗产，土耳其帕加马古城也于2014年被列入世界文化遗产。

◦3◦

约公元前 2 世纪—4 世纪

古罗马建筑——角斗场、万神殿、公共浴场及巴西利卡式样

背　景

罗马的历史可以追溯到很早，当多里安人进入希腊的时候，拉丁人也陆续抵达意大利半岛。公元前 800 年左右，一支来自小亚细亚的伊特鲁里亚人（或作伊特鲁斯坎人）占领了台伯河流域，随后征服了拉丁人。公元前 500 年左右，最后一位伊特鲁里亚国王被推翻，罗马就此开始独立的城邦生活，并接着征服了整个意大利半岛；至公元前 264 年的罗马，通常被视为早期共和国。之后的罗马历史大致分成几个重要时期：公元前 265 年—前 27 年为后期共和国，并在尤利乌斯·恺撒（公元前 100 年—前 44 年）统治时期达到巅峰。公元前 27 年，元老院授予恺撒的继承人屋大维“奥古斯都”（具有“神圣”的意涵）称号，罗马共和国由此进入帝国时代。罗马帝国通常被分成两个时期：公元前 27 年—公元 284 年属于早期帝国，284 年—476 年属于后期帝

国。其中早期帝国在图拉真（98 年—117 年在位）、哈德良（117 年—138 年在位）等“五贤帝”时期（96 年—180 年）达到帝国的极盛，人口最多时达五千万。罗马的伟大时代随着 180 年马可 · 奥勒留的去世而告结束，但戴克里先（284 年—305 年在位）和君士坦丁（306 年—337 年）的才干曾一度延缓了衰败的进程。其间，君士坦丁于 313 年颁布了米兰敕令，承认基督教合法。之后，狄奥多西（379 年—395 年在位）实际已使得基督教成为国教。395 年，狄奥多西逝世，临终前将帝国分给两个儿子，由此罗马一分为二，史称西罗马与东罗马（亦称拜占庭帝国），实行永久分治。从 4 世纪初起，西罗马已不断遭受北方蛮族的入侵，476 年，罗慕路斯 · 奥古斯图卢斯终于在匈奴雇佣军日耳曼首领奥多亚塞的逼迫下退位，西罗马帝国就此灭亡。西罗马帝国灭亡后，欧洲进入了近一千年的中世纪。

以下我们将看到后期共和国、早期帝国、后期帝国等不同时期的建筑。罗马的建筑最初是受希腊的影响发展起来的，这从柱式就可以看出。但罗马与希腊也有“本质”区别，这就是希腊的公共建筑继承埃及传统，主要侧重于神庙，而罗马人却更热衷现实生活。共和国后期，罗马人开始展露出自己的建筑天分，他们发明了混凝土及拱券技术。帝国时期，建筑形制又有新的突破，例如穹顶和巴西利卡；建筑物的体量也越来越宏伟，例如大角斗场和万神殿；建筑更具实用性，例如水道桥和浴场，同时也被赋予更多的纪念性，例如凯旋门和纪念柱。在建筑理论方面，维特鲁威的《建筑十书》对罗马及日后西方都产生了深刻和深远的影响。由此，古罗马建筑风格已经完全形成。陈志华在《外国古建筑二十讲》一书中将罗马人在建筑上的贡献概括为四个方面：“第一，适应生活领域的扩展，扩展了建筑创作领域，设计了许多新的建筑类型，每种类型都有相当成熟的功能型制和艺术样式；第二，空前地开拓了建筑内部空间，发展了复杂的内部空间组合，创造了相应的室内空间艺术和装饰艺术；第三，丰富了建筑艺术手法，增强了建筑的艺术表现力。这包括改造了古希腊的柱式，提高了柱式的适应能力。增加了许多构图形式和艺术母题。这三大贡献，都以另外第四个贡献为基础，那就是创造了很完善的拱券结构体系，发明了以火山灰为活性材料的天然混凝土。混凝土和拱券结构相结合，使罗马人掌握了强有力的技术力量，在建设上大展鸿图。”因此说古罗马建筑是世界建筑史上最光辉的一页，或说罗马人是最伟大的建筑家都不为过，它不仅直接影响了中世纪早期的建筑样式，也成为日后各种古典复兴的范本。

欣赏作品

3-1 庞贝：罗马建筑的兴起

韦蒂住宅，约公元前 2 世纪（图 28）

秘仪别墅或庄园壁画，约公元前 1 世纪（图 29）

夫妇肖像，约 1 世纪（图 30）

圆形剧场，约公元前 70 年（图 31）

3-2 神庙与祭坛：对希腊的模仿与发展

博阿留广场方庙，亦称福尔图纳神庙，公元前 1 世纪前期（图 32）

博阿留广场圆庙，亦称维斯泰神庙，公元前 1 世纪前期（图 33）

奥古斯都和平祭坛，公元前 13 年—前 9 年（图 34）

佩特拉神庙，2 世纪早期（图 35）

3-3 新建筑样式：拱券与穹顶的出现，水道桥与万神殿

尼姆加尔水道桥，约公元前 2 世纪—前 1 世纪（图 36）

万神殿，118 年—128 年（俯瞰、外观、内景，图 37、38、39）

3-4　**公共建筑：角斗场与浴场**

大角斗场，公元 70 年—82 年（俯瞰、外观、内景，图 40、41、42）

卡拉卡拉浴场，211 年—217 年（俯瞰，图 43）

巴斯浴场，180 年（图 44）

3-5　**纪念性建筑：凯旋门与纪念柱**

提图斯凯旋门，约公元 81 年（图 45）

图拉真纪念柱，106 年—113 年（图 46）

君士坦丁凯旋门，312 年—315 年（图 47）

3-6　**其他建筑：宫殿与城门**

哈德良离宫，114 年—138 年（图 48）

特里尔大黑门，2 世纪（图 49）

戴克里先宫，300 年—305 年（图 50）

3-7　**巴西利卡式大厅的出现**

马克森提乌斯公堂，约 307 年—312 年（图 51）

君士坦提乌斯公堂，4 世纪（内景，图 52）

作品简介

庞贝：罗马建筑的兴起　公元 79 年 8 月 24 日，维苏威火山突然爆发，那不勒斯湾周边许多繁华城镇顷刻之间被掩埋于灰烬之中，庞贝即是其一。1700 年以后也就是 18 世纪，考古学家们发现了庞贝。庞贝古城于 1997 年被列为世界文化遗产。2005 年我到此一游，面对沧桑所磨就的历史，真是感慨万千。记得我们首先到的是公共广场，其位于城市的西南角，南北向，长方形；广场北端有座朱庇特神庙——将神庙设置在公共活动中心区域，这与希腊有所不同；广场其余三边建有双层柱廊，至今仍有一些屹立不倒。这里，我们姑且就将庞贝当作罗马建筑兴起的代表。

韦蒂住宅 韦蒂住宅是庞贝废墟中保存最好的民居之一。进得门有一个很大的中庭，上方有天窗，用于采光，下方为蓄池，可接雨水，这像极了我们徽派建筑的设计思想；然后便来到一个中央天井，也是住宅中心，天井四周有廊柱围合，十分雅致；类似的结构也见于斯达比阿等住宅，它让我们见识了两千多年前罗马或庞贝小康人家生活的殷实。此外埃尔库拉内姆（Herculaneum）城的住宅也与庞贝齐名。

秘仪别墅或庄园壁画 19世纪德国艺术史家奥古斯特·毛（August Mau）在对庞贝（包括维苏威火山周边地区）壁画做了深入考察之后将其风格分为四个时期，这成为日后人们研究罗马壁画的基础。庞贝废墟著名壁画包括秘仪别墅或庄园5号房间中的酒神（狄俄尼索斯）秘密仪式壁画（第二风格时期）、韦蒂住宅伊克西翁房间中的壁画（第四风格时期），以及收藏于那不勒斯国家考古博物馆的夫妇肖像（第四风格时期）。这里我们看到的是秘仪别墅中的酒神秘密仪式壁画，属于第二风格时期（约公元前60年—前50年）。壁画高约162厘米，所有形象真人大小，画面中是一个婚礼仪式，对狄俄尼索斯的崇拜来自希腊传统。

夫妇肖像 这幅画属于第四风格时期（约公元70年—79年）。画中男子拿着手卷，女子拿着书写用的铁笔和蜡板，这是罗马时期结婚像的“标配”，意味着新婚夫妇接受过良好教育（其实文盲也这样入画）。画作具有强烈的写实性。这件画作现收藏于那不勒斯国家考古博物馆。另外当时的静物画也达到极高水准，有一件《桃和水瓶》，其中水瓶及水绘得十分逼真。

圆形剧场 庞贝有一座大的圆形剧场即竞技场，以及一座稍小的剧场，都位于城市东南角，其中最大的那座剧场约建成于公元前70年，比公元70年以后建造的罗马科洛西姆角斗场差不多早了150年，是已知最早的圆形竞技场，据说可容纳20000名观众。需要说明的是，希腊人的剧场都是依山而建，但庞贝的剧场起于平地，即奠基于混凝土高台之上，而混凝土正是罗马人的发明。这里看到的是小剧场，从左边门洞可以看到相连的另一个剧场。那年为了一睹这个建筑，我用了急行军的速度，跑得气喘吁吁。

神庙与祭坛：对希腊的模仿与发展 神庙是希腊的重要建筑，也为早期罗马所接受，罗马的神庙深受希腊神庙的影响，这特别体现在柱式的风格上。当然，罗马人后来也发展出了自己的柱式。此外，罗马人也模仿了希腊人的祭坛形式。需要说明的是，古罗马建筑的最集中部分是在罗马。罗马历史中心从1984年起分几批完整列为世界文化遗产。

博阿留广场方庙 亦称波图纳斯神庙，坐落于台伯河东岸，与真理之口景点一路之隔。神庙明显模仿了希腊的形制，立柱为爱奥尼亚式，柱身有凹槽。另外在法国尼姆也有一座类似的方庙——麦松·卡雷神庙，但更大，用的是科林斯柱式。

博阿留广场圆庙 亦称维斯泰神庙，距离波图纳斯神庙不远。神庙同样有希腊的神韵，但与波图纳斯神庙不同的是，这里采用了更具装饰感的科林斯柱式，柱身也有凹槽。另外在蒂沃利也有一座维斯泰圆庙。

奥古斯都和平祭坛 祭坛建成于公元前9年，是奥古斯都献给妻子利维亚的生日礼物，尤以四周浮雕而闻名。“和平”，既蕴含着美好的寓意，也表达了美好的祝愿。据说墨索里尼时期曾重建这一祭坛，梦想恢复昔日罗马的辉煌。

佩特拉神庙　也叫作艾尔卡兹尼宝库，在约旦境内，一般认为属于图拉真或哈德良时期，在玫瑰红的砂岩上凿出，共上下两层；科林斯立柱和山墙都使这一建筑明显打上罗马的烙印；然而折断的山墙又充满奇思妙想，很像文艺复兴后期甚至巴洛克的风格，真是令人惊诧不已。

新建筑样式：拱券与穹顶的出现，水道桥与万神殿　拱券是罗马的伟大发明，由于这一发明，建筑发生了革命性变化。陈志华说，拱券结构建筑“沉重稳定，给人以不可动摇的永恒感，很富有纪念性”。（《外国古建筑二十讲》）我们看到罗马大量的建筑都有拱券这一形式，如水道桥、凯旋门、浴场、剧场或角斗场，不仅如此，日后的拜占庭风格、罗曼风格、哥特风格，甚至更往后的建筑几乎都离不开拱券这一形式。可以毫不夸张地说，拱券就是整个西方古典建筑的重要基础，是西方古典建筑的基本样式和语汇，甚至可以说，是罗马的拱券托起了西方全部古典建筑。同时，罗马人不仅发明了拱券，还发明了穹顶。穹顶形式虽然也可以追溯到更早，例如迈锡尼时期的阿特瑞斯宝库拱顶，但彼时拱顶甚小，不可与罗马穹顶同日而语。毫无疑问，穹顶技术比起拱券技术要复杂得多，它关乎设计、材料、施工，当然，更重要的还有在其中所体现出来的智慧、想象以及观念。必须看到的是，穹顶这一形式对日后西方建筑产生了深远影响，它与哥特式教堂的尖顶一起塑造了欧洲城市的天际线。不仅如此，它也通过拜占庭被传播到东方，成为日后伊斯兰文化建筑中的绝佳美景。

尼姆加尔水道桥　水道就是供水系统，平地处埋于地下，逢水则架桥，加尔水道桥是跨越加尔河峡谷时的桥梁，负责将距尼姆50公里之外的泉水引入城中。桥梁长274米，高55米，由三重拱券叠加而成；其中底层6孔，中层11孔，两层拱跨相同，为16—24米，最大拱跨骑于河上；最上层为水槽，共35个小拱。加尔水道桥雄伟、壮丽（那年当我站在它的下方时就真切感受到），却也轻盈而富于节奏和韵律感，它真实体现了罗马人的建造智慧与才能。事实上，这样的供水系统对于注重生活的罗马人来说极为寻常，例如罗马城极盛时约有150万人口，用水全都依赖水道，据说当时共有水道14条，总长2080千米，有些水道有长达20千米的部分都架在拱券之上，如此每天可向罗马城提供160万方清水。今天，加尔水道仍在发挥作用，它是尼姆完备供水系统的一个组成部分。加尔水道桥1985年被列为世界文化遗产。西班牙塞哥维亚（Segovia）也保存有同样的水道。

万神殿　顾名思义，这是一座奉祀四海众神的庙宇，故设计为圆形，因此也迥别于以往同类建筑。神殿建于哈德良时期，甚至还有一说是由哈德良本人设计。《建筑的故事》中写道："万神殿之于古罗马，正如帕特农之于古希腊。它代表着罗马人设计和建造工程的最高水平，也体现了罗马人和希腊人在建造方式上的差异。"万神殿"有着动人心魄的结构"，即它那硕大的穹顶，这个"宏大的穹顶深深扎根于罗马搏动的心脏"。万神殿前首先是一个宽34米、深15.5米的柱廊；柱廊共有16根柱子，正面8根，两个侧面各4根，柱子底径1.43米，高12.5米；柱廊山花上刻着："M · AGRIPPA · L · F · COS · TERTIVM · FECIT"，意即执政官玛尔库斯·阿格里巴建造此庙；柱廊后面为铜制大门，通过铜门然后进入内殿。穹顶坐落于巨大的圆形殿堂之上，高度43.6米，直径也是43.6米，模仿着天穹，崇高之至，在古典建筑中无有匹敌；圆殿墙厚5.9米（一说6.2米），由穹顶基部到上端逐渐减薄，最高处厚1.5米；穹顶壳壁被分为5层，以凹格装饰，每层凹格数量相同，由大而小，既简单庄重，也可减轻壳壁重量；穹顶正中开有天窗，直径8.2米，既用于采光，也实现了“天人沟通”，如柱的神圣光芒由此泻入殿内，划破黑暗。等眼睛恢复、心情平复之后，你会发现圆形殿堂立面由两层构成，其中下层高度约10米，由赭红色科林斯柱子支撑，其间排列有7个大型壁龛（拉斐尔的墓就在一个壁龛里）；圆殿台基中央高周围低，于是地面图案在视觉上产生了一种奇特的延伸感。一般而言，观者为体验万神殿的壮美往往会退缩到墙边，因为只有在这里才可以获得更宽阔的视野和更完整的图景。可以说，万神殿与大角斗场和卡拉卡拉浴场一起，代表了伟大的罗马建筑的荣光。由于万神殿恢宏无比，甫一落成便成为罗马的胜地，故有谚云，如果有人去罗马而不去万神殿，则“来的时候是一头驴子，回的时候仍是一头驴子”。基督教统治期间神殿曾一度遭受破坏，直到文艺复兴时才重新得到认识和保护。

公共建筑：角斗场与浴场　罗马与希腊一样，最初也是城邦社会。城邦社会反映在建筑上就是非常注重公共空间或场所，由此公共建筑设施变得尤为重要。罗马城公共建筑的大规模兴建从奥古斯都时期就开始了，在之后约500年的时间里，它始终是最为重要的内容，包括角斗场、万神殿、浴场以及巴西利卡公共会场。角斗场也就是竞技场，是十分典型的公共建筑设施，前面我们已经了解到现存最早的角斗场是在庞贝，但角斗的“兴旺”与帝国的强盛有关，也与罗马统治者的提倡有关，历代皇帝都鼓励公民生活休闲，当时一位讽刺诗人 Juvennal 将此喻为“面包与马戏”，中国式表达就是吃喝玩乐。于是罗马繁盛时，帝国境内纷纷矗立起角斗场，上至皇帝贵族，下至平民百姓，都喜欢这种畸形的娱乐，并在杀戮和血腥中寻求刺激，直到407年角斗士之间的搏杀才被废止，523 年角斗士与动物的搏杀终被废止。罗马时期的公共建筑除剧场、角斗场外，还有一个非常重要的场所——浴场，这应当也是“面包与马戏”的一个重要组成部分，罗马人在这里同样显示了他们享乐的“智慧”。罗马的浴场是在希腊浴场基础上发展起来的，但它被赋予了许多新的功能，如可包括图书馆、音乐厅、讲演厅以及运动健身场所等，如此，浴场实际上是提供了一种集洗浴、学习、娱乐、交流或交际、谈生意、狎妓甚至密谋等于一身的公共建筑场所。值得一提的是他们还发明了全新的取暖方式，即通过将砖墙处理成空心层来增加散热效果。

大角斗场 即科洛西姆（Colosseum）角斗场，公元 70 年在尼禄宫殿旧址上兴建，仅用 10 年时间即告竣工，进度与管理之高效即便是放在今天依然令人叹为观止。2003 年我到罗马旅游，面对这个庞然大物，除了震撼没有任何别的感觉。不过那是生平第一次登陆欧洲，现在想来真是激动有余准备不足。从外貌上看，科洛西姆角斗场气势恢宏，高 48.5 米，相当于现在 16 层楼，绕外墙一周 527 米；建筑采用三重拱廊结构，共有券洞 240 个，二三层券洞中均立有雕像；券洞之间用三种希腊柱式作为割断，底层为多立克式，第二层为爱奥尼亚式，第三层为科林斯式。从平面来看，角斗场为椭圆形，长轴 188 米，短轴 156 米，共 60 排，能容纳 50000 名观众；中心场地亦为椭圆形，长轴 86 米，短轴 54 米，可同时让 3000 名角斗士捉对厮杀；中央场地与看台间有高墙隔离。结构设计方面，角斗场共有 80 个出入口，观众按编号入场就座；座席共分四层，元首、元老及贵族在底层，属贵宾席，再向上依次是骑士、富人和平民，最高层观众席后有一圈拱形回廊；座席间每隔一段设有上下通道并连接出入口，这正是现代体育场的范型。由于设计合理，一说 50000 名观众可在 3 分钟内全部退场，假如此言不虚则真是不可思议，当今又有哪个现代化体育场能够做到？此外，中心场地之下也有玄机，共有两层地下室，包括公务用房、角斗士住所及兽室，兽室装有升降系统便于出入。据说因为当年角斗场面过于残酷，曾有两位犬儒智者和一名基督徒在角斗场自杀以示抗议，但无济于事，个别理性不可能制止集体的癫狂！约7世纪时有一位朝圣者云："只要大角斗场屹立着，罗马就屹立着；大角斗场颓废了，罗马就颓废了；一旦罗马颓废，世界也就颓废了。"但角斗场终于还是成了废墟。狄更斯说过："感谢上帝，它成了废墟！"2017年夏，我到克罗地亚旅游，普拉同样有一座保存完好的角斗场。

卡拉卡拉浴场 罗马城内曾有两个超级浴场：卡拉卡拉（Caracalla）和戴克里先（Diocletiun），它们都是皇帝的名字。其中卡拉卡拉建筑主体长220米，宽114米，可同时容纳1600人洗浴和娱乐，戴克里先建筑主体长240米，宽148米，可同时容纳3000人洗浴和娱乐。以卡拉卡拉浴场为例（以下主要根据陈志华《外国古建筑二十讲》概括叙述）：浴场沿中轴线展开，对称布局，庄严雄伟；中央部位是浴池，有热池、温池、冷池及泳池，功能齐全；热池大厅穹顶高达35米，为模仿万神殿之作，规模宏大；温池大厅长56米，宽24米，以十字拱划分空间，区隔合理；两端是运动场地，还附设有图书馆、演讲厅与神庙，功能完备；大厅间多设院落，开合有致，光照充足；浴场内放眼望去，到处是富丽堂皇的大理石柱身和镶嵌画地面，奢华无比；取暖系统被称为热炕，它将地板悬空铺设，下方由砖墩和拱券支撑，锅炉将热空气输入地下空间后便达到供暖效果，原来我们今天刚开始流行的地板供暖，罗马人早在2000年前就已经采用了。罗马人真是太会享受了！这也让我联想到今天意大利这个民族，他们的热爱享受是不是就是跟罗马人学的。6世纪哥特人围攻罗马时破坏了输水道，大型浴场就此弃用，如今卡拉卡拉已是一片废墟。

巴斯浴场 英国的巴斯浴场是至今仍保存较好的罗马时期浴场。巴斯多温泉，于是罗马人便在这里修建浴场，巴斯（Bath，意为洗浴）即由此而得名。浴场布局大致就是当时的常规布局：中轴线上依次排列热池、温池、冷池，中间部分是一个漂亮的泳池，四周由立柱形成回廊；浴场内部大量使用大理石和花岗岩，装饰精美，马赛克镶嵌画令人眼花缭乱，从我的照片中可以清楚看到二层还有大量雕像。巴斯城 1987 年整体列为世界文化遗产。

纪念性建筑：凯旋门与纪念柱 罗马人喜欢建造独立的拱门与立柱来纪念各种重大事件，包括颂扬君王的丰功伟绩。独立的拱门往往被称作凯旋门，不过如上所说，“凯旋”一词其实并不贴切。凯旋门再一次体现了罗马人精湛的拱券技术，水道桥的券洞是连续的，角斗场的券洞也是连续的，而凯旋门的券洞则是独立的，这样一种独立的拱门形式本身已具有极强的纪念碑性质。有一说到帝国末期，仅罗马城及周围就有 64 座凯旋门。至于独立的立柱通常被称作纪念柱，意图明确。

提图斯凯旋门 提图斯在位两年即去世，去世后其兄弟图密善继位，为了纪念提图斯的能征善战，图密善下令在通往罗马广场的圣道东侧修建一座拱门，即提图斯凯旋门。提图斯凯旋门是早期凯旋门的典型代表，单跨；拱门顶层的文字告知人们此为纪念伟大的提图斯神；券洞上的浮雕栩栩如生，拱肩上有双翼的为胜利女神，中楣则刻画了提图斯征战的情景；拱门两旁由科林斯柱式装饰，气派非凡。稍晚，为向图拉真致敬，又在贝内文托城入口处建造了图拉真凯旋门，其高 14.3 米，宽 13.1 米，进深 5.18 米，形制与提图斯如出一辙：单跨，拱门顶层是纪念性题铭，拱肩处浮雕为胜利女神，中楣也有一条浮雕饰带，两旁科林斯柱式。但图拉真凯旋门也有不同之处，就是两侧增加了大量颂扬图拉真事迹的浮雕，包括得胜班师，为贫苦孩子分发礼物，为退役老兵安排生活以及在台伯河入海口建立新港，等等，由此在视觉上比起提图斯更加豪华。

图拉真纪念柱　也称图拉真纪功柱，设计者据说是阿波劳多乌斯（Apollodorus），建成于113年，柱身直径3.83米，净高27米，加上基座总高35.3米（一说38米），由大理石砌成；下方为图拉真陵墓，柱顶原本立图拉真镀金像，但已遗失，现替换为圣彼得塑像；柱内有200格转梯，拾级而上可达观景台；纪念柱上有一条190米长的浅浮雕带盘旋而上，绕柱23匝，里面包括2500个人物和150个场景，记录了图拉真征服达契亚人（今大部分在罗马尼亚）的经历，以此满足一如所有帝王都有的那种好大喜功，一并炫耀武力，歌颂霸业，彪炳史册。征服达契亚人之后，图拉真又剑指东方，113年攻陷亚美尼亚，接着渡过底格里斯河，两年后抵达波斯湾，由此罗马帝国进入到一个强盛期。18世纪巴黎旺道姆广场纪念柱即仿照于此。

君士坦丁凯旋门　君士坦丁凯旋门乃为纪念君士坦丁即位十周年和战胜强敌马克森提乌斯并统一罗马而建，气度恢宏。修建于203年的赛维路斯凯旋门已经采用了三通道（也称三开间）的拱门形式。君士坦丁凯旋门也是如此，高21米，宽25.7米，进深7.4米，中央拱门阔大，两边小门对称。拱门顶处文字密匝，中楣、拱肩、柱式等一如既往地规整。但君士坦丁凯旋门又有其非同寻常之处，即拱门上绝大多数浮雕都是来自图拉真、哈德良等时期的建筑；为此学者们使用spolia这一语词，意即“夺用”；明白了吗？它等于说是把别人的衣服剥下来穿在自己身上。有艺术史家认为，这表明此时罗马帝国的技术水平大幅下降，建筑的黄金年代已然过去。但也有人说这些浮雕显然经过精挑细选，多为历史上“明君”时期的作品，故不排除君士坦丁刻意与他们建立联系。另外，此时一些浮雕业已呈现出构图拘谨、人物呆板的特征，在某种意义上，它已经显露出中世纪的图像风格。君士坦丁凯旋门离科洛西姆角斗场不远，二者一道历经沧桑风雨，见证着罗马文明及其后代的兴衰。

其他建筑：宫殿与城门 罗马时期的建筑不仅体现在以上方面，还有其他内容，例如宫殿，包括寝宫、离宫或行宫，此外还有城门。宫殿就是指皇家建筑，历史上以尼禄的黄金宫和图密善的弗拉维安宫最为著名，目前保存最好的是戴克里先宫；行宫则以哈德良离宫即别墅最为优秀，也保存最好。至于城门想必当时布满罗马全境，但现在仍相对完整的是位于德国西部特里尔的大黑门。

哈德良离宫 哈德良离宫或行宫建造于 114 年—138 年，直到哈德良去世时仍未完工。建筑位于罗马城南面，依地形展开，据说曾绵延 4 千米；行宫的空间布置既视野开阔，又柳暗花明；池塘点缀其间，亭台楼榭，如诗如画。现在遗存主要包括：一个名为“Canopus”的水池以及环绕水池的立柱与雕像，还有一个名为“Serapeum”的洞窟。哈德良离宫构思精巧，景色秀美，堪为西方园林设计的典范。《建筑的故事》中这样形容：“在每一个转折处都会给人一个视觉上的惊喜：景观建筑的艺术性和精致程度，在这里达到了前所未有的高度。”哈德良离宫 1999 年被列为世界文化遗产。

特里尔大黑门 特里尔是罗马帝国在今德国境内建立的第一座城市，因此这里会留下罗马时代的印记，大黑门即是代表，并且它也是罗马帝国时代保存至今最完好的城门。大黑门与其说是城门不如说是城楼。城楼呈黑色，门禁森严，神情肃穆；两侧四层坚固的碉楼犹如铁塔一般，身躯魁梧；碉楼有窗洞，之间以回廊连接，想必都是做防御之用，下方大门便于军队通行；城楼的建造没有使用灰泥，全部由黑色岩石砌成。我是2003年第一次见到这幢黑黝黝的建筑，当时看着这个其貌不扬的“家伙”还真没有足够认识到它的显赫身世。作为特里尔古罗马建筑的一部分，大黑门1986年被列入世界文化遗产。

戴克里先宫 戴克里先宫位于克罗地亚达尔马提亚中部的斯普利特，濒临亚得里亚海。戴克里先退位后在此修建了集生活、防御于一体的宫殿兼堡垒式建筑。这其实是一个庞大的建筑群，城墙长198米，宽152米，东西向和南北向两条主轴线将平面划成“田”字形分布，交会处是一个中庭广场；建筑群中原本最高的建筑物是戴克里先的陵寝，呈八角形，属中心式类型，只是这一建筑早已改作教堂，并且一旁竖起了高高的塔楼，所幸当初围绕陵寝一圈的柱廊大部分依旧保存完好。1979年列为世界文化遗产。2017年夏我去克罗地亚旅游，这里自然成为最重要的项目，这个有1700年历史的建筑里竟然商铺云集，实在令人恍惚。

巴西利卡式大厅的出现 罗马时期还有一种十分重要的建筑样式不能不提，它就是巴西利卡。巴西利卡（Basilica）即大型建筑，这一语词源自希腊，原意为“王者之厅”。在罗马人这里，巴西利卡是指大型公共会堂，也叫作公堂。事实上，与剧场、竞技场、浴场等一样，巴西利卡也属于公共建筑，它通常可作为法庭或会议厅，也是良好的集会场所。这一建筑样式是一种平面呈长方形的大厅，最早出现于共和时期。基于建筑结构的需要，巴西利卡大厅内一般用对称的两排柱子将空间分成三部分，中间较大的称为中厅，也叫中殿或正殿，中厅两侧较小的空间则称为侧厅。正殿尽头处有一个半圆室，高筑台，可供会议主持人或法官行使职责。由于中殿跨度非常大，受建造条件限制，早期或最初的巴西利卡通常采用木构屋顶。到了帝国时期，随着建造水平的不断提高，特别是拱券技术的日益成熟，巴西利卡开始应用拱顶形式，具体来说，就是在中央大厅采用十字拱顶结构，在两边侧厅采用筒形拱顶结构。需要说明的是，巴西利卡其实并不局限于会堂，前面所考察的卡拉卡拉浴场与戴克利先浴场也都属于巴西利卡结构。而且这里值得一提的是，巴西利卡公堂实际已经为日后中世纪的教堂奠定了基础。当基督教取得合法地位以后，巴西利卡便成为教徒聚会的最理想场所。因此，巴西利卡这一建筑样式也不断得到发展，它体现在早期基督教的建筑中，体现在罗曼式和哥特式建筑中，也体现在文艺复兴以后的建筑中，其深刻影响甚至直抵现代。

马克森提乌斯公堂　公堂建造时间约为 307 年—312 年，最初由马克森提乌斯下令兴建，君士坦丁于米里维恩桥一战击败马克森提乌斯后易名为君士坦丁公堂，窃为己有。如果复原的话，整个建筑长 80 米，宽 25 米，高 35 米；设计灵感源于浴场，布局紧凑合理，但结构设计更加大胆；空间一分为三，一个中殿或中厅和两个侧殿或侧厅，是典型的巴西利卡；中殿最高最宽，最上部覆盖有巨大的十字交叉拱顶，重量与侧推力集中于四角；中殿上部边上开有高侧窗，侧殿亦有两层窗户，如此确保了整个公堂的通风与采光；建筑有两个入口，其中大门朝南，面向罗马广场。如今这一建筑已成一片残垣断壁，但由尚存的北侧殿堂仍依稀可辨当年公堂之宏伟。

君士坦提乌斯公堂　特里尔除了大黑门以外，还有一座由君士坦丁大帝的父亲君士坦提乌斯·克洛卢斯于 4 世纪初建造的巴西利卡式公堂——觐见大厅，至今保存完好。大厅内外造型简洁，特别是外立面可以用优雅形容；墙面以红砂岩和排砖垒砌，质朴无华；建筑呈矩形，长 58 米，宽 29 米，高 29 米，空间通透豁朗；高墙之上开两排窗户，光线充足明亮；大厅无柱廊，这显示出罗马人具有建造内部阔大开放空间的惊人能力；外墙有扶壁结构，这也表明西方运用这一建筑形式或元素的悠久历史；一道巨大拱门庄重壁立，同时也将主殿与半圆形后殿的功能加以区隔，而这可能正是后世基督教教堂建筑形制的先驱。作为特里尔古罗马建筑，1986 年被列入世界文化遗产。

◦4◦

约 4 世纪—约 12 世纪

中世纪前期与中期——罗马传统的延续、拜占庭样式的兴起以及罗曼式或罗马风建筑

背 景

公元180年马可·奥勒留的去世打破了罗马帝国稳定或平静的状态。从奥勒留到君士坦丁的125年间，共有47位皇帝相继执政，平均每个执政期不足四年。284年戴克里先称帝后形势稍有稳定，他开启了四帝共治的局面，同时也事实上开启了东西罗马从分治到分裂的格局。330年君士坦丁迁都拜占庭，并建君士坦丁堡。395年狄奥多西逝世，罗马正式分成西罗马与东罗马。这期间，西部罗马内战不断，且又不断遭受北方蛮族如法兰克人、汪达尔人、盎格鲁—撒克逊人、东西哥特人、条顿即日耳曼人的入侵，日渐衰微。476年，罗慕路斯·奥古斯图卢斯退位，西罗马帝国灭亡。由此开始一直到15世纪文艺复兴，在欧洲（主要是西欧）历史上被称作中世纪，历史学家也普遍将这一时期视作“黑暗时代”（Dark Ages）。的确，无论是与之前的希腊、罗马文明相比

较，还是与之后的意大利文艺复兴乃至整个欧洲重新崛起相比较，这一时期的西方无疑陷入了停滞，发展缓慢。但欧洲或西方历史也并非如此简单，从4世纪至11世纪是拜占庭帝国即东罗马最为繁荣的时期，其中6世纪查士丁尼在位时达到鼎盛。当然，这段历史不仅属于西方，同样也属于东方。另一方面，即使西方，在八九世纪法兰克王国加洛林王朝查理曼大帝时也出现了某种文化复兴。与此相关，这一时期的西方建筑大致可以分为这样几个方面：首先，是罗马传统的延续，这主要体现于传统意义的西罗马地区；其次，是拜占庭风格的兴起，这主要体现于东罗马即拜占庭治下的地区，这里既有对罗马的继承，也包含东方的元素；第三，从约1000年到1200年，这段时间在建筑史上通常称作罗曼式（Romanesque Style），即具有罗马风的建筑，它主要出现在西欧的北部地区，在英国，这一风格被叫作诺曼风格（Norman Style）。罗曼式或罗马风流行的时间十分短暂，但这一短暂的风格却也成为后来哥特风格的前奏。

欣赏作品

4-1 罗马传统的延续与拜占庭风格的影响

圣莎比娜教堂，422年—432年（内景，图53）

圣阿波利奈尔教堂，也称阿波利奈尔教堂圣殿，5世纪—6世纪初（内景，图54）

圣维塔尔教堂，526年—547年（内景，图55）

查理曼宫廷礼拜堂，792年—805年（内景，图56）

4-2 镶嵌画

加拉·普拉西迪亚王陵入口处镶嵌画《善良的牧羊人》，425

年（图 57）

圣阿波利奈尔教堂天顶镶嵌画《面包和鱼的奇迹》，504 年（图 58）

圣维塔尔教堂镶嵌画《皇帝查士丁尼与侍从》，547 年（图 59）

4-3　拜占庭建筑

圣索菲亚大教堂，532 年—537 年（外观、内景，图 60、61）

圣马可大教堂，始建于 1063 年（外观、内景，图 62、63）

4-4　罗曼式或罗马风建筑

圣安布洛乔教堂，11 世纪晚期—12 世纪早期（外观、内景，图 64、65）

施派尔大教堂，1030 年—1106 年（内景，图 66）

圣塞尔南教堂，1070 年—1120 年（外观、内景，图 67、68）

达勒姆大教堂，1093 年—1133 年（外观、内景，图 69、70）

圣艾蒂安修道院教堂，1067 年—1120 年（外观，图 71）

4-5　比萨：亦此亦彼的风格

比萨大教堂建筑群，1063 年—1272 年（图 72）

作品简介

罗马传统的延续与拜占庭风格的影响　基督教获得合法地位后，传教和布道需要公共礼拜场所，于是基督教选择了利用罗马时期巴西利卡这一大型公共会堂形式，巴西利卡这一罗马建筑样式也由此在基督教这里得到了继承。需要说明的是，罗马巴西利卡的一个基本特征就是房顶为木质结构，它成为一个很大的弱点，即容易导致火灾，这也正是后来教堂采用石质拱顶结构的重要原因。与此同时，早期的中心式或集中式的圆形或多边形教堂建筑乃由罗马陵墓发展而来，本来具有纪念意义和神圣性，当演变成教堂建筑后主要用作洗礼堂，它呈现了罗马和拜占庭的融合风格。

圣莎比娜教堂 教堂位于意大利罗马，建于5世纪上半叶。图中能看到宽敞的正殿和后部的半圆室，这是典型的罗马巴西利卡样式：通过两排柱子将正殿区隔成中堂与侧廊，尽头为前室。柱子上方的高墙开窗用于采光，正殿顶部为木质平檐结构。15世纪以后，这种风格又再次激起人文主义建筑师的灵感。

圣阿波利奈尔教堂 也称阿波利奈尔教堂圣殿，位于意大利拉文纳附近的港口城市克拉斯（Classe），为纪念圣徒阿波利纳里斯而建造。该建筑6世纪初完工，现圣殿由矩形主殿和高大圆塔组成，后者建于9世纪。这同样是一座结构非常完美的巴西利卡。值得一提的是，圣殿以其彩色镶嵌画闻名于世。拉文纳早期基督教名胜1996年被列入世界文化遗产。

圣维塔尔教堂 查士丁尼占领拉文纳后曾打算将这里建成意大利的拜占庭中心，因此这一教堂便明显具有西方和东方的融合风格。教堂外表并不出众，建筑主体为八面形，穹顶由八个墩座支撑。内部结构有着更多审美性而非功能性，镂空和图案型柱头具有典型的东方特征。圣维塔尔教堂也以其精美镶嵌画而著名。1996年被列入世界文化遗产。

查理曼宫廷礼拜堂 也称巴拉丁礼拜堂或大教堂，这座礼拜堂为法兰克王国查理曼大帝所建。该建筑从规模到形制都模仿圣维塔尔教堂，圆柱亦来自意大利，甚至还从拉文纳掠夺了一尊狄奥多里克骑像置于前院。这么说吧，这座礼拜堂简直就是圣维塔尔教堂的灵魂附体。1978年被列为世界文化遗产。

镶嵌画 最早的镶嵌画其实是用小鹅卵石砌成图案。早期基督教的镶嵌画是以彩色玻璃嵌片作为材料，它被广泛布置在教堂这类公共场所中，成为一种独特的艺术样式。

加拉·普拉西迪亚王陵入口处镶嵌画《善良的牧羊人》 这里的牧羊人就是基督，金色长袍与紫色披肩代表了皇家身份。天空湛蓝，田野青葱，羊群驯服地围绕左右，一派诗意景象。

圣阿波利奈尔教堂天顶镶嵌画《面包和鱼的奇迹》 圣阿波利奈尔教堂中堂两侧墙壁和天顶满是马赛克镶嵌画。这幅镶嵌画描绘了福音书中的故事，耶稣用五张饼和两条鱼给五千人吃了顿饱饭。画中耶稣同样身着代表帝王身份的金色和紫色长袍。

圣维塔尔教堂镶嵌画《皇帝查士丁尼与侍从》 圣维塔尔的镶嵌画同样著名，这幅镶嵌画是在圣坛左侧，查士丁尼身着红色长袍，身上饰物金光闪闪；右边是大主教马克西米安努斯；画中共有十二位仆从，寓意不言自明，查士丁尼将自己当作了耶稣的化身，大概历史上的帝王都是这么自鸣得意又乏自知之明。另圣坛右侧也有一幅镶嵌画，是《皇后狄奥多拉与侍女》。另克罗地亚波雷奇圣尤弗拉西安教堂亦因镶嵌画而著名，同样十分精彩，亦被列为世界文化遗产。

拜占庭建筑 讲述西方建筑的历史，拜占庭建筑是无法回避或绕开的，这不仅是因为拜占庭建筑与西方建筑有着千丝万缕的联系，还因为一些拜占庭建筑至今仍在欧洲大地之上坚实地矗立着。拜占庭建筑既是一种风格，也是一段历史。作为一种风格，它影响到当时拜占庭帝国全境；作为一段历史，它从 6 世纪持续到 13、14 世纪。其中，圣索菲亚大教堂是拜占庭建筑的早期代表，圣马可大教堂则是拜占庭建筑的后期代表。当然，拜占庭建筑是复杂或多面的，如同一个“混血”，它既有罗马的根脉，同时也呈现出浓郁的东方性；它既有明显的异域色彩，但又与西方建筑不可分割。从更广泛的意义上来说，拜占庭文化本身就是罗马文化的一部分，即东罗马；但也因此，它又是罗马文化的某种“变体”，受到波斯、阿拉伯等文化的影响；进而，拜占庭文化实际成为连接东西方文化的桥梁，并对西方文化的发展做出了重要贡献。

圣索菲亚大教堂 《建筑的故事》中有这样一段叙述：“6世纪，当黑暗降临欧洲西部的时候，东罗马帝国的皇帝查士丁尼一世对教堂和整个建筑领域进行了彻底改革，建造了一座有史以来最辉煌也是最冒险的建筑——圣索菲亚教堂。”“有史以来最辉煌也是最冒险的建筑”，这话真是精彩。圣索菲亚大教堂位于君士坦丁堡（也就是今天土耳其的伊斯坦布尔），其地处欧亚大陆交汇之处，位置冲要。330年君士坦丁迁都拜占庭后便大规模营建君士坦丁堡。500年前后君士坦丁堡的人口已达100多万，而此刻罗马城人口却从极盛期的150万降到30万。查士丁尼在位时（527年—565年）拜占庭帝国达到鼎盛。532年君士坦丁堡发生大规模暴动，焚毁了大教堂。据说当时查士丁尼已是六神无主，打算仓皇出逃（全无圣维塔尔教堂镶嵌画中圣明的样子），好在皇后狄奥多拉镇静自若，泰然处之，才力挽狂澜，平息了暴动。（可参见朱迪斯·M.本内特、C.沃伦·霍利斯特的《欧洲中世纪史》。）人们总说战争让女人走开，而事实常常是女人的英勇让男人汗颜。暴动平息后仅40天，查士丁尼即下令重建大教堂。建筑师是来自小亚细亚特拉雷斯的安提米乌斯（Anthemius of Tralles）和米利都的伊斯多鲁斯（Isidorus of Miletus）。圣索菲亚大教堂长宽为77米×71米，第一眼的感觉就是体量巨大，气势恢宏，摄人心魄。这个建筑不是纵向布局即巴西利卡式，而是中心式；34 米直径的穹顶硕大无朋，凌空而起，东西两侧各有一较小半圆穹顶相伴；穹顶基部的 40 扇窗户使得穹顶就像飘浮在空中一般，同时也保证了中心空间的足够采光；建筑内部看似简单空旷，实则曲折多变；穹顶尤其是独特的帆拱技术蕴含着高度的智慧，它删繁就简，化各种复杂重力与推力的难度于无形；细部装饰则造型优雅，十分精巧，明显受到东方享乐审美观的影响。建造过程据说动用了一万名工匠，耗资 14.5 万千克黄金，进口装饰所用金、银、大理石、象牙、宝石不计其数。结构如此复杂的建筑竟然只用短短五年便告完成，实在令人难以置信。之后，这一建筑样式迅速扩展至拜占庭帝国全境，包括前面已经见到的圣维塔尔教堂。15 世纪土耳其人占领君士坦丁堡后将圣索菲亚大教堂改成清真寺，并在四角竖起四座尖塔。圣索菲亚大教堂 1985 年被列入世界文化遗产。

圣马可大教堂　圣马可大教堂位于威尼斯圣马可广场，1063 年重建，于 15 世纪最后完成。该教堂同样是一座拜占庭风格的建筑，并且在很大程度上是对圣索菲亚大教堂的模仿。原教堂为拉丁长十字形，重建时改为希腊正十字形。整个教堂共有五个穹顶，十字平面正中为最大的穹顶，与圣索菲亚大教堂相同的是，圣马可大教堂也采用了帆拱结构。西侧主入口正立面有五个半圆拱门，中间的最大；与之对应，上面还有五个半圆山墙，也是中间的最大，这些可以说是圣马可大教堂极具标志性的特征。教堂的另一特点是内部极其富丽奢华，多用十字军东征时所掠夺的珍宝加以装修，饰物琳琅满目，壁画美轮美奂，在日光或灯光的照耀下，整个大堂显得金碧辉煌，扑朔迷离。此外教堂还保存了不同历史时期的许多艺术品，俨然具有博物馆的性质或功能。威尼斯城 1987 年整体被列为世界文化遗产。

罗曼式或罗马风建筑 所谓罗曼式或罗马风就是“像罗马”的意思，这个名称其实出现于19世纪，用于描述11、12世纪或1000年至1200年间的欧洲建筑。这些建筑的基本特征体现为拱券技术及拱顶形式，由此与中世纪早期那种木质平檐屋顶的巴西利卡式建筑区别开来。但有些著书如《世界建筑图鉴》干脆将欧洲4世纪以后的建筑统称为罗曼风格。这的确是个问题啊！因为尽管可以像一些作者那样将4世纪以后的建筑归之为巴西利卡式，但巴西利卡式难道就不是罗马风格或样式吗？如果是，那么4世纪以后的罗马风格与11世纪以后的罗曼风格或罗马风又怎样在语词上准确区别呢？这也就难怪即使《欧洲建筑纲要》这样的专业著作也会有如下的模糊表述：“到10世纪末，它最终定型。那时，罗马帝国（注：应是指神圣罗马帝国）也已重新呈现政治稳定的局面。……同时，罗曼风格再度风靡一时。”再度风靡？那首度风靡是指何时呢？其实罗马传统也并非罗曼风格的唯一来源，就以建筑高度来说，早在加洛林王朝和奥托王朝就已经出现了身形伟岸的教堂，还有塔楼，如加洛林时期位于德国科维的科维修道院和奥托时期位于德国希尔德斯海姆的圣米迦勒修道院，这与法兰克王国查理曼大帝（742年—814年）治下出现的文化复兴有关，那一时期的建筑也被称之为“加洛林王朝的罗马风”，这实际已为11、12世纪风靡西欧的罗曼风格打下了某种坚实的基础。《建筑的故事》中这样评价查理曼，“如果说查理曼未能实现他的这一宏愿，他也的确做出了贡献：在几乎整个欧洲掀起了建造辉煌教堂的浪潮。随之出现的罗马风，建立在大尺度的结构因素和罗马的拱券技术上”。此外在南方的法国和意大利，罗马风建筑的大量出现又与朝圣密切相关。按照《新约·启示录》，基督将在千年之后再次降临人世并终结这个世界。随着第一个千禧年（公元1000年）的到来，畏惧世界末日的人们为求得灵魂的安宁，引发了广泛的朝圣潮。当时一本朝圣指南中介绍有四条线路通向最终目的地——西班牙西北部城市圣地亚哥—德孔波斯特拉，据说这里是圣雅各的葬所。朝圣途中那些大大小小的修道院如果拥有圣徒遗物，出于对圣物的崇拜，信徒同样也会蚁附而至，这也反过来极大地推动了修道院的建设热情或者说狂热，于是新教堂雨后春笋般地冒了出来。在此过程中，一些重要的教派如本尼迪克特派、克吕尼派等担任了重要责任或扮演着重要角色。罗曼风格建筑的特点是形体高大且厚重；采用罗马时期巴西利卡式空间布局，并采用罗马时期已经确立并经拜占庭时期发展了的石质拱顶替代木构屋顶，目的是为了避免火灾；重新恢复拱券形式（最初的实验可以追溯到9世纪意大利北方伦巴第地区），并进一步发展出肋拱（rib）技术；拱顶多圆拱，拱门亦多圆形，但不使用大穹顶形式。可以这样说，罗曼风格汲取了罗马、拜占庭以及北方日耳曼等不同的风格。罗曼式持续时间并不长，当哥特式兴起后，这一样式便迅速衰落了。但罗曼式实际已为哥特式做了良好的铺垫，包括提供各种有益的经验，正像《建筑的故事》中所写的："它已经开始将各种类型的装饰手法和结构技巧进行融会贯通。"就此而言，罗曼式可以说是向哥特式过渡的形式。

圣安布洛乔教堂 教堂位于意大利米兰，重建于11世纪。2013年我们去瑞士看望儿子，儿子领着我们游玩的其中一站就是米兰，几天里走了不少教堂，其中就包括圣安布洛乔，还有收藏达·芬奇《最后的晚餐》的感恩圣母修道院。圣安布洛乔教堂是意大利伦巴第地区最重要的建筑，也有人认为它是德国施派尔大教堂的原型。建筑外立面由红砖砌成，显得富丽而庄重。教堂中殿为巴西利卡样式，由于没有高侧窗所以很昏暗；两侧由敦实粗壮的柱子支撑，孔武而有力，也略觉低矮。圣安布洛乔教堂在建筑史上最重要的意义就是使用了肋拱技术，但它十分粗糙，宽阔肥厚，还歪歪扭扭，这或许正是伦巴第建筑的基本特征，它仍走在通向成熟罗曼风格的路上。

施派尔大教堂 该教堂坐落于德国莱茵兰—普法尔茨州莱茵河畔的施派尔，它是德国罗曼式建筑的典范。教堂的外貌给人以一种披甲武士的印象，而且随时准备投入战斗（《建筑的故事》）。德国另一座沃尔姆斯大教堂（1170 年—1240 年）同样也具有这一神貌。不知这些是否就是日耳曼精神的显现。事实上，罗曼风格最初就是植根于日耳曼土壤的，之后迅速向南（意大利）、西（法国）蔓延开来，并跨越海峡扎根英国。施派尔大教堂在建筑技术上的最大成就是用交叉拱替代了圆拱，古代罗马人曾成熟使用过这一技术，它可以将推力疏导向四角，而施派尔大教堂的建筑师重新掌握了这一技术，由此成为重大的突破，它使得当时其他建筑相形见绌。此外，施派尔大教堂墙壁上层部位拱廊后面还有一条室外画廊，也成为教堂的一个重要特色。施派尔大教堂 1981 年被列为世界文化遗产。

圣塞尔南教堂 教堂位于法国西南部的图卢兹，这是当年朝圣的一条必经之路。圣塞尔南教堂几乎与朝圣最终目的地的圣地亚哥—德孔波斯特拉大教堂如出一辙，形同兄弟。教堂外侧的扶壁既承受了由建筑主体所形成的推力，同时也在视觉上显得错落有致。教堂顶部采用了圆拱，但就技术而言尚没有施派尔大教堂先进。中堂有些狭窄和逼仄，两旁拱柱笔直、瘦削，这无形间却又平添了空间的挺拔感。通透的窗户使得教堂十分明亮，其框架也富有装饰性。此外，圣塞尔南教堂还因它的浮雕名闻天下。值得一提的是，法国是当年朝圣之路的必经之所，因此这里的教堂或修道院也非常之多，除圣塞尔南，著名的还有如位于勃艮第地区韦兹莱的圣玛德琳等大教堂。法国境内通往圣地亚哥—德孔波斯特拉朝圣之路 1998 年被列为世界文化遗产。

达勒姆大教堂　始建于1093年的达勒姆大教堂是英国即盎格鲁—诺曼底风中最出色的建筑，是中世纪欧洲最大的教堂之一，并且也是最杰出最壮观的罗曼式建筑。教堂矗立在一座陡峭的小山之上，势如城堡。大教堂中殿比法国圣塞尔南教堂宽约三分之一，长度则达120米，由此显得异常深邃。这座教堂的一项重要技术突破是在拱顶建造中运用了有肋交叉拱，肋骨间则铺以轻薄材料，这大大减轻了拱顶的重量和推力，比德国施派尔大教堂的简单交叉拱无疑又有了新的进步，并且也为后来哥特式教堂奠定了坚实的基础。教堂墩柱由圆柱与复合柱依次交替展开，起到不同的承重作用，同时在视觉或美学上也呈现出一种厚重与峻峭之风，体现出阳刚之气。可以这样说，达勒姆大教堂的中堂也是所有罗曼式建筑中最为优美的。除达勒姆外，英国罗曼式建筑还有伊利大教堂等。达勒姆大教堂1986年列为世界文化遗产。

圣艾蒂安修道院教堂　教堂坐落在法国卡昂，具有诺曼底罗马风格。建造始于1066年，整个工程耗时一百多年。与达勒姆相比，圣艾蒂安修道院教堂的整个中殿在视觉上更具有连续性和轻盈感。特别是达勒姆大教堂的有肋交叉拱技术已经趋于成熟，在圣艾蒂安大教堂就可以看到这一成熟技术的运用。稍有不同的是，达勒姆大教堂所采用的是X形交叉即十字拱或四分拱，圣艾蒂安大教堂则是在此基础上再加上一条横切拱肋，由此形成六分拱，这一巧妙的构思使得拱顶重量再度减轻。这一技术以后也运用于哥特式的巴黎圣母院、拉昂大教堂、布尔日大教堂中。此外圣艾蒂安修道院教堂的西立面也极具特色，它看上去冷静、沉着、简洁、优雅；四道厚重的扶壁护持着体魄巨大的建筑并产生了某种由下而上的导向性；两座塔楼高高耸立，犹如两个威严的卫士，正是在这里，我们已经能够看到哥特式建筑的身形。

比萨：亦此亦彼的风格　此外，也有一些建筑具有明显的亦此亦彼特征，它可能难以简单归类，其中最典型的就是比萨大教堂建筑群。许多著作（包括《加德纳艺术通史》《詹森艺术史》《大英视觉艺术百科全书》《艺术的故事》等）都将比萨大教堂建筑群归为罗曼式或罗马风，然而这一建筑群明显又有着早期罗马—基督教或巴西利卡的传统，甚至还有东方情调。或许《世界美术名作鉴赏辞典》中的这段描述是较为准确的："比萨大教堂的建筑样式，并不是纯粹的巴西利卡式，而是掺有罗马式风格的一种建筑样式。"其实不只是比萨大教堂建筑群，这乃是当时意大利特别是托斯卡纳地区建筑的普遍特征或状况。"托斯卡纳和罗马地区的建筑仍然追随着早期基督教建筑中的巴西利卡传统。"（《加德纳艺术通史》）"仍保存了早期基督教的基本建筑形式，然而也受到罗马建筑的启发。"（《詹森艺术史》）而比萨大教堂还"异域情调迷人，比托斯卡纳风格教堂更东方化"（《欧洲建筑纲要》）。

比萨大教堂建筑群　在我看来，比萨大教堂建筑群是"左""右""前""后"都有。所谓"左"就是地图上的西方部分影响，所谓"右"就是地图上的东方部分元素，所谓"前"就是指罗马传统，所谓"后"就是罗曼风格。如果将这一建筑群"范围"在罗曼式风格内，无疑"限制"或"约束"了它巨大的意义，因此我将比萨大教堂建筑群做单独处理。该建筑群由三座建筑组成，即主教堂、洗礼堂、钟塔也就是大名鼎鼎的比萨斜塔。三座建筑形态各异却风格统一：都使用了大理石贴面及科林斯廊柱。中间的主教堂始建于1063年，有着明显的巴西利卡建筑特征，并采取了拉丁十字布局。前面的洗礼堂始建于1153年，它是由中心式建筑发展而来。后面的钟塔始建于1174年，形态秀美。陈志华在《外国古建筑二十讲》中这样归纳比萨大教堂建筑群的特征：

第一，用暗绿色石块做水平带；第二，连续券空廊具有装饰作用并丰富了形体变化；特别是第三，洗礼堂体现了哥特式的细部，发券明显受到阿拉伯风格的影响，柱子则有古罗马遗韵。这一建筑群的设计师和建造者包括迪奥蒂萨尔维（Diotisalvi）、波纳诺·皮萨诺（Bonanno Pisano），后者负责钟楼。尤其值得一提的是钟楼即斜塔，它因伽利略自由落体实验的传说而著称，但由于地基拙劣，建造之时已发生倾斜，至1990年关闭时已南倾3.5米。今天来自世界各地的游人出于“善意”做出各种奋力推扶斜塔的姿势，还以娇小女性居多，包括那年到此一游时我的同事，然后留下一张“力拔山兮”的倩影。比萨大教堂建筑群1987年被列为世界文化遗产。

·5·

约 1150 年—约 1500 年，部分更晚

中世纪后期——以巴黎圣母院和夏特尔主教堂等为代表的哥特式建筑

背　景

就一般欧洲中世纪的历史而言，395 年罗马正式分为西罗马与东罗马是一个重要时间节点，476 年西罗马帝国灭亡也是一个重要时间节点，因为这些时间节点昭示或标志着西方历史的重大转折，中世纪随后而至。类似的还有 1054 年，是年东正教从原基督教中分离出来，由此，基督教分裂为罗马公教（或称天主教）与希腊正教（或称东正教）。就建筑史来说，哥特风格的出现应当是一个重要的时间节点。哥特风格（Gothic Style）教堂 12 世纪初现于法国。由于是主教自己的教堂，因此也被称为主教堂。一百年后，不计其数的巍峨的哥特式主教堂在阿尔卑斯山以北的欧洲城市中或原野上拔地而起，据统计，仅法国就兴建了 80 余座，于是哥特风格的主教堂便取代了罗曼风格的修道院教堂。值得一提的是，这些宏大教堂的设计者其实是一批身怀绝技的能

工巧匠。之后直到14、15世纪，这一风格才逐渐退潮。“哥特式”一词乃是文艺复兴时期意大利人发明的，早期文艺复兴时期的艺术家洛伦佐·吉贝尔蒂（Lorenzo Ghiberti）最早提出了这一概念，之后被称为“艺术史之父”的乔治·瓦萨里（Giorgio Vasari）则明确用它来嘲讽北方文化的野蛮。

哥特式教堂的布局大体是：平面为拉丁十字即长十字形，以区别拜占庭教堂的正十字形；大门通常西向即礼拜面向东方，因为那是耶稣圣墓所在；教堂内部沿用罗马或巴西利卡式，长十字一“竖”是大厅，中间为中殿或中厅（也叫中舱），是信徒周日做礼拜之处，两旁由柱子隔开为侧厅（也叫舷舱）；一“横”叫作袖厅（也叫袖廊），为教士周日参加信众礼拜之所；中殿东端为圣坛，圣坛布有祭台，前面为唱诗席，背后多排列小礼拜堂。

哥特式教堂给人的第一印象就是建筑高大、巍峨，塔楼、塔尖冲天而起，高耸入云，并且随着时间的推移和技术的成熟越来越高大。如巴黎圣母院中殿高度为35米，夏特尔为36.5米，兰斯为38.1米，亚眠为42米，博韦为48米；巴黎圣母院中殿宽度为12.5米，兰斯为14.65米，亚眠为15米，夏特尔为16.4米；中殿宽高之比桑斯为1∶1.4，努瓦永为1∶2，夏特尔为1∶2.6，巴黎圣母院为1∶2.75，亚眠为1∶3，博韦为1∶3.4，科隆为1∶3.8。此外，在教堂长度上，巴黎圣母院为127米，夏特尔为130.2米，兰斯为138.5米，亚眠为145米；在塔或塔尖高度上，巴黎圣母院69米，兰斯101米，夏特尔左塔尖105米、右塔尖113米，科隆157米，乌尔姆161米。仅仅通过这些数字，我们就不难想象这些教堂体量的巨大。但也正因此，一些“鸿篇巨制”的哥特教堂永远成为“未完成”作品。例如法国的斯特拉斯堡主教堂就是“未完成”的典型。由于工期拖得太长（11世纪—15世纪），经费成了极大的问题，最终只建造起一座钟楼，看似“独臂”一般。

哥特风格的基本特点包括：（1）主体部分墩柱之上有高大的肋状拱顶与飞拱，拱券多成尖状，由此区别于罗曼式的圆形拱券，这既大大增加了拱顶的高度，并且也大大减轻了拱顶的侧推力；（2）出于加固的考虑，不仅用扶壁而且用飞扶壁来支撑建筑主体；（3）由于有飞扶壁的支撑，因此便尽可能减少多余墙体而代之大面积窗户以增加采光，窗户多精美花窗，并且在进门立面处设有玫瑰窗；（4）主门洞多为尖形拱门，以区别罗马或罗曼风格的圆形拱门，更进一步，哥特外立面的门或窗普遍都成尖形。需要说明的是，像尖拱、肋状拱顶及飞扶壁这些技术都并非哥特的发明，但它们的确是在哥特这里得到全面完整的应用。

哥特式建筑野蛮吗？当然不！因为这里凝聚了多少伟大建筑师和能工巧匠的惊人智慧与辛勤汗水，19 世纪的人们就已经对它重新加以肯定，歌德、雨果、恩格斯、罗丹等思想家、文学家、艺术家都给予哥特建筑以最美好的赞誉。如罗丹就说道：“有了哥特艺术，法兰西精神便充分发挥出它的力量。”“主教堂，这便是法兰西。”今人给予哥特式建筑更为全面客观的评价。乔纳森·格兰西在《建筑的故事》中这样赞美哥特建筑：“哥特式教堂可谓是欧洲文明史中的一朵奇葩。它试图通过当时的技术所能达到的最高的石拱券、塔楼以及尖塔，将我们平凡的生活方式与天堂沟通，以期触摸到上帝的脸庞。这些伟大的建筑，多亏了目光远大的业主和建筑师，也多亏了石匠们的一双双巧手。在高高的船状结构的中殿上面（常常是在人眼所不能及的地方），我们可以发现精雕细琢的天使、恶魔、叶形纹饰以及叶尖饰等中世纪工匠们的杰作。对于他们来说，献给上帝的礼物，不可能再有比这些更美更好的东西了。”乔纳森·格兰西还强调指出，哥特式风格“尽管发轫于黑暗时期，却诞生了一种有史以来最有激情也最为大胆的建筑。”

欣赏作品

5-1 哥特式教堂的开端及法国前期哥特

圣丹尼修道院，1140 年—1144 年（图 73）

巴黎圣母院，1163 年—1345 年（正面、侧面、内景，图 74、75、76–1、76–2）

5-2 由夏特尔领衔的法国盛期哥特四大主教堂

夏特尔主教堂，始建于 1134 年，重建于 1194 年（外观、内景，图 77、78）

兰斯主教堂，始建于 1211 年（图 79）

亚眠主教堂，始建于 1220 年（内景，图 80）

博韦主教堂，亦称圣皮埃尔主教堂，始建于 1247 年（内景，图 81）

5-3 花窗

夏特尔主教堂花窗之一（图 82）

夏特尔主教堂花窗之二（图 83）

路易九世圣沙佩勒教堂花窗，1241 年—1248 年（图 84）

5-4 英国哥特

林肯主教堂，重建于 1192 年（图 85）

索尔兹伯里主教堂，始建于 1220 年（图 86）

威斯敏斯特礼拜堂，重建于 1220 年（正面、侧面，图 87、88）

5-5 英国晚期哥特

格洛斯特主教堂，建于 1332 年—1357 年间（内景，图 89）

剑桥国王学院礼拜堂，1446年—1515年（内景，图90）

威斯敏斯特礼拜堂附属亨利七世小礼拜堂，1503年—1519年（内景，图91）

5-6 其他晚期哥特

德国科隆主教堂与乌尔姆主教堂

科隆始建于1248年，部分直到19世纪完工（图92）

乌尔姆始建于1377年，部分直到19世纪完工（图93）

捷克布拉格圣维特主教堂与库塔娜霍拉圣巴巴拉主教堂

圣维特始建于1344年，20世纪完工（图94）

圣巴巴拉始建于1388年，20世纪完工（内景，图95）

意大利米兰主教堂

始建于1386年，部分直到19世纪完工（图96）

5-7 湖光山色中的教堂建筑

奥地利萨尔兹堡月亮湖区小教堂（图97）

德国巴伐利亚基姆湖修女岛修道院（图98）

德国巴伐利亚国王湖圣巴特洛梅修道院（图99）

奥地利哈尔施塔特镇小教堂（图100）

作品简介

哥特式教堂的开端及法国前期哥特 哥特风格最初起源于法国巴黎及周边所谓法兰西岛地区，这也是法国王室的领地。学者们指出，1140年建造、1144年竣工的圣丹尼修道院（在巴黎附近）是哥特风格的最早代表。《欧洲建筑纲要》这样说道：“可以断言，谁设计了圣丹尼斯唱诗堂，谁就创立了哥特风格，尽管哥特特征以前就已存在且广为流传。”也因此，1140 年可以被视作哥特式教堂的开端。属于哥特开端时段的还有夏特尔主教堂。但目前的圣丹尼修道院与夏特尔主教堂都只有一小部分工程可以追溯到当初。从 1144 年圣丹尼修道院建成直至 1200 年左右大抵可以视作前期哥特阶段。属于这一时期的主要建筑有：桑斯大教堂（1140 年—1221 年）、努瓦永大教堂（1150 年—1205 年）、拉昂大教堂（1160 年—1225 年）以及巴黎圣母院（1163 年—1245 年）。其中桑斯大教堂与拉昂大教堂都具有从罗曼向哥特过渡的性质，例如拉昂大教堂的墩柱肖似达勒姆，而拱顶则类同圣艾蒂安；努瓦永大教堂中已经出现了一些新的建筑语汇，由此成为全新哥特的迎接者；巴黎圣母院则更可以看作前期哥特的巅峰，盛期哥特的开始。

圣丹尼修道院　也称圣德尼修道院。据传说，是圣狄奥尼西（Saint Dionysius，法语即为圣但尼）将基督教带到高卢。主持建造的是雄心勃勃的圣丹尼修道院长絮热（Suger）。哥特风格正是从这里迈开伟大的步伐：第一，尖拱第一次出现在修道院的回廊、礼拜堂以及唱诗班所在半圆形小室上（其中回廊与礼拜堂保持了絮热时的原貌，唱诗班所在半圆形小室则在 13 世纪重新翻修过）；第二，修道院外墙安装了巨大的彩色玻璃窗。这正是法国哥特的两个基本特征。《欧洲建筑纲要》毫不吝啬地这样赞美：“教堂内部效果极为轻巧，空气自由流通，旋涡流畅自如，精力旺盛而集中。”这段赞美应当是指重新翻修的唱诗班区域。这里空间通透，修美的圆柱显得如此轻扬、优雅，且充满灵性，它似乎漫不经心地托举着拱顶，我们丝毫感觉不到庞大建筑的重量感，阳光穿过阔大的开窗洒落进来，使室内既明亮又温暖。不过教堂依然留有上一个“时代”的痕迹，其西立面明显脱胎于诺曼底罗马风，与卡昂的圣艾蒂安大教堂一样，也由四个高大的扶壁加以支撑和分割，此外修道院大门亦为罗马的圆拱结构。由此可见，这一建筑仍具有一定的过渡性。

巴黎圣母院 巴黎圣母院坐落于巴黎城中心塞纳河的斯德岛上，始建于1163年，由教皇亚历山大三世和法王路易七世共同奠基，之后经历长达182年营造，到1345年最终建成。教堂长127米，宽50米，中厅高35米，西侧正门上两座钟楼高69米，而那个高106米的塔尖则是19世纪才加上的。教堂内部空间惊人，达5670平方米，据说在做盛大弥撒时最多可容纳近万人（以后教堂更大，夏特尔与兰斯均为5940平方米，亚眠为6300平方米）。雨果在《巴黎圣母院》一书中就曾赞美道："这座可敬建筑物的每一个侧面，每一块石头，都不仅是我国历史的一页，而且是科学和艺术史的一页。"并且称其"简直就是石头制造的波澜壮阔的交响乐"。巴黎圣母院值得称道之处很多。首先，飞扶壁被大范围使用，尽管飞扶壁在之前已经出现，但它的确是在巴黎圣母院这里第一次被用于一座规模宏大的建筑之上。其次，由于使用了飞扶壁，便可减少墙面而增大高侧窗，于是立柱纤细，墙体轻薄，采光充足，而彩色玻璃又使得室内光线虚幻交错，斑驳迷离，产生一种神秘的魔力。第三，巴黎圣母院最吸引人之处还是在它宏大的正立面。整个立面规划严谨，庄严、稳重；其纵横（即垂直与水平）都一分为三，类似一个标准的九宫格，两座钟楼兀然而立；正门墙体饰满精美雕塑，故事均来自《圣经》；上面一条饰带则为国王长廊，共排列28尊雕像；再之上是象征圣母柔情的玫瑰花窗，这也是第一次出现在哥特式教堂之上。正因如此，巴黎圣母院便被视作前期哥特的收官之作。巴黎塞纳河畔建筑群1991年整体被列入世界文化遗产。就在本书即将付梓之时传来令人震惊的消息，2019年4月15日晚18时50分左右，巴黎圣母院发生大火，经扑救，16日凌晨火势终于得到控制，主体结构幸存。但建筑显然已严重遭损——三分之二屋顶被毁，高106米的塔尖倒塌。从之后两天传上来的照片又可以看到，中殿拱顶有多处大的坍塌，最严重的就是十字中轴尖塔下方，这实在令人感到震惊和痛心，况且最终损失还在评估，不排除有其他更加严重的损毁。正是基于这一突发事件，我增加了1幅巴黎圣母院遭损毁的中殿内部景象，用以和昔日辉煌的中殿景象作对比。面对这一人类重要文化遗产所遭受的不测和不幸，我在此只能深深地祝愿，祝愿她尽早修复创伤，恢复往日辉煌。

由夏特尔领衔的法国盛期哥特四大主教堂　巴黎圣母院不仅达到了前期哥特的巅峰，同时也开启了哥特的繁盛时代，即盛期哥特，一时间法国各地纷纷建造宏伟教堂，且相互之间争奇斗艳。盛期哥特的时间大抵是从1200年至1250年，因为1248年，作为晚期哥特代表的科隆大教堂开始兴建。法国盛期哥特以四座主教堂最负盛名，它们分别是：重建于1194年的夏特尔主教堂、始建于1211年的兰斯主教堂、始建于1220年的亚眠主教堂、始建于1247年的博韦圣皮埃尔主教堂。这之中，夏特尔主教堂也成为法国式哥特的典范。

夏特尔主教堂　夏特尔主教堂也称沙特尔主教堂。1194年夏特尔主教堂发生火灾，巨大建筑付之一炬，不过主教堂西立面得以幸免；更值得庆幸的是，东部地下墓室中所收藏的圣母衣袍残片竟不可思议地逃过一劫。于是上至王室下至平民都将此当作“神迹”，纷纷解囊，利用残存结构在原址废墟之上再造新的主教堂。西方建筑史家也将新建的夏特尔主教堂视为第一座真正意义上的盛期哥特建筑。这是因为：与巴黎圣母院一样，夏特尔主教堂也采用了飞扶壁技术，并且更加先进，因此其高侧墙更加狭窄，反之高侧窗更加扩大；从教堂内部看，将早期哥特的四层立面结构简化为三层结构；束柱形式出现了，而且愈加纤细、修美、挺拔，并充满向上的动势和力量，直抵拱顶结合部，在稍事停顿后再次向上腾跃；建筑技术的成熟又使得夏特尔主教堂重回四分拱肋，由此其拱顶看上去比巴黎圣母院的拱顶更为紧凑、连续和明快。此外夏特尔主教堂还以精美的彩窗和雕塑著称于世：夏特尔大大小小的彩窗上面描绘了共计166个《圣经》故事，令人流连；它也有巨大的玫瑰花窗，做工异常精美；更值得一提的是门柱上的雕塑已经重新复现了圆雕形式，这比起罗曼式教堂上的浮雕有了很大的进步，并且人物形象也更加生动。所有这些都使得夏特尔主教堂成为一座具有纪念碑意义的建筑，在它的启发下，一座又一座精致的哥特教堂拔地而起。夏特尔主教堂1979年被列入世界文化遗产。

兰斯主教堂　兰斯主教堂是法国国王的加冕地，故而其西立面尤为奢华。大门突出于墙体，入口上方半月楣为窗户所取代，门拱呈火焰状，整个立面除玫瑰花窗为圆形，其余皆成尖形，与夏特尔的质朴外貌相比真是令人眼花缭乱，堪为哥特尖状外立面的典范。此外，与夏特尔一样，兰斯的雕像也闻名遐迩。由于自信和自觉，兰斯主教堂建筑师的大名已经被镌刻在中殿铺面石上，他们是让·德奥尔伯（Jean d’Orbay）、让·勒·卢卜（Jean le Loup）、古谢·德·兰斯（Gaucher de Reims）、伯纳德·德·苏瓦松（Bernard de Soissons）。兰斯主教堂1991年被列为世界文化遗产。

亚眠主教堂　亚眠主教堂中殿的高度惊人，达42米，这大大超过巴黎圣母院的35米和夏特尔主教堂的36米，比拉昂的23米几近双倍；又由于宽度偏窄，更显瘦削、高挑；拱顶轻薄细巧，技术登峰造极。在如此庄严宏伟的大教堂内，人显得如此渺小。亚眠主教堂还以其西、南两个立面上的“亚眠圣经”雕像群而驰名。与兰斯一样，亚眠主教堂建筑师的姓名也被记录在中殿路石上，他们是罗贝尔·德·吕扎尔谢（Robert de Luzarches）、托马斯·德·科尔蒙（Thomas de Cormont）、雷诺·德·科尔蒙（Renaud de Cormont）。亚眠主教堂1981年被列入世界文化遗产。

博韦主教堂 亦称圣皮埃尔（Pierre）主教堂。博韦主教堂是夏特尔所引发的建筑大潮中的最后一波，也被视作法国盛期哥特的扛鼎或压卷之作。博韦的高度比亚眠又有增加，柱身从底部直接飞升到起拱点，达到令人咋舌的48米，几近疯狂。但正是由于一味追求高度，1284年祭坛拱顶的一部分坍塌，1573年尖顶倾覆，可谓多灾多难。然而，哥特——如果我们将它看作一位直面挑战的勇士，已是力尽所能。

花窗 花窗即彩色玻璃窗是哥特式教堂的一个重要特征，几乎也可以看作哥特式建筑的代名词。花窗首先有着视觉上的效果。彩色玻璃不仅透光，而且滤光，它变化出一种“新的光”。你看它五彩缤纷，琳琅满目，恍似天堂与仙境；又光影斑驳，如梦如幻，有着一种说不清、道不明的神秘感，这些不正是教会所需要的感受吗？同时花窗也是为了讲述《圣经》故事。圣丹尼修道院院长絮热说过：“玻璃窗中的图画是为不识字的穷人而作的，为的是告诉他们应该信仰什么。”因此花窗也被称作“傻子的圣经”。我们完全可以想象，当看过美丽的图案和动人的故事之后，信徒的心灵必然受到震撼和洗礼。

夏特尔主教堂花窗之一 这幅花窗位于主教堂南侧唱诗席一面的墙上，法国人喜欢把它叫作“美丽窗户上的圣母”（Notre Dame de la Belle Verriere）。巨大的窗户被分割成三四十个小格，无数彩色玻璃片用铅条连缀，远看宛若珠宝；圣母位于上半部分的中间位置，头戴皇冠，容貌端庄，后面一片光晕；余下小格中人物云集，均为《圣经》故事，包括《最后的晚餐》《圣母领报》等，让观者过目难忘。

夏特尔主教堂花窗之二 在夏特尔主教堂南北袖厅的墙上还各有一组富丽堂皇的彩色玻璃，包括玫瑰花窗和尖窗。据说它们是王后（Blanche of Castile）于1220年赠送给教堂的礼物，也因此愈显珍贵。这幅花窗是北袖厅的。玫瑰花窗里有圣母子、圣鸽和天使；下方彩窗中有城堡与鸢尾花图案，配以黄、红、蓝色，这些都是皇室母题和用色。这些彩窗随时间不同也始终变换着教堂的颜色。

路易九世圣沙佩勒教堂花窗 亦称圣徒小教堂。这个小教堂的墙体已经被减少到极限，玻璃大约占了四分之三的立面；两柱间窗高15米，宽4.6米，用个或许不是十分恰当的词语，简直就“薄如蝉翼”；透过玻璃的光线呈现出玫瑰色和紫罗兰色，立柱与拱肋则敷以金色，拱顶繁星点点，再加上柔和的烛光，真是一派天国气氛。

英国哥特 英国哥特式建筑大约比法国晚三十到五十年起步，西多会是最初的介绍与传播者。最早具有哥特风格的建筑大约应当是坎特伯雷主教堂（重建于1174年），不过其仍保留有较多的罗曼样式，因之哥特风格并非典型。英国最著名的哥特建筑包括以下将要考察的林肯、威斯敏斯特、索尔兹伯里、格洛斯特等主教堂以及剑桥国王学院礼拜堂，另外还有约克主教堂等。从这些教堂最初的建造时间看，大致是在1192年至1220年间，因此英国哥特是直接进入到哥特盛期的。毫无疑问，英国哥特有自己的鲜明个性。与法国哥特相比，英国哥特的程式化没有那么明显，也更加自由。例如平面与形体变化较多，而不像法国那样“千篇一律”；袖厅也会加长，有些教堂还有双袖厅，即双十字耳堂。此外，英国哥特的生命似乎也更长一些，不像浪漫的法国人那样易于“换口味”。按照《欧洲建筑纲要》作者的说法，到

1275 年，法国哥特的探索与创新已经中止了，但这一时期的英国却没有停顿，它的创造力又再保持了一个世纪。

林肯主教堂　林肯主教堂在英国哥特中是属于较早的。原先的林肯主教堂毁于 1185 年的一次地震，新教堂 1192 年动工重建。教堂加宽中殿，收窄侧廊，于是空间更为阔大高敞；柱身不直接自下而上通向顶部，或许这也是罗曼风格遗存的体现；拱顶呈星形或树冠状，与法国哥特相比更具装饰感，但也被认为缺乏逻辑性；从外部看，尖塔们看上去中规中矩，形似一支支竖直的铅笔，而不像同期法国兰斯等主教堂外立面那样花哨。所有这些大概都是英国建筑精神或语汇的体现：保守、持重，却也随性、自由。《欧洲建筑纲要》中这样赞美道："具有 13 世纪高贵典雅、富有朝气、不合规则、强劲有力、体面大方的精神。"此外，据说这里还珍藏有英国《大宪章》的最初版本。

索尔兹伯里主教堂　索尔兹伯里主教堂与法国哥特相当不同，它属于一种典型的英国风格。教堂结构并不追求无限的向上攀升，而更多的是向水平方向延展；它有两条袖廊，一长一短；圣坛并不设在东端，而是设在十字交叉处；同时，教堂的塔楼就在十字交叉的上方，而非像法国哥特那样放在西立面；索尔兹伯里主教堂的塔楼是整个英国最高的教堂塔楼，尖顶达 135 米，直插云霄。我最初知道索尔兹伯里主教堂是通过英国风景画家康斯太勃尔的绘画作品，在他的画中，无论阴晴，教堂的身躯都是那么动人。因此 2013 年去英国旅游时，我便毫不犹豫将这里定为一站，下车后就直冲教堂，老远就看到当年康斯太勃尔作画取景的位置，于是就选择在那里留下这一伟岸建筑的生动影像。

威斯敏斯特礼拜堂　原为本笃会修道院，后改称 Westminster，意为西部礼拜堂，汉译亦简称西敏寺，设计者是亨利·德·雷尼斯（Henry de Reynes）。威斯敏斯特礼拜堂在英国哥特中具有某种特殊性，更多地融入了法国气质，显得有些亦步亦趋，如建筑平面与法国哥特基本相同，中殿也像法国哥特异常高大，还有拱顶结构也采纳了法国样式。那么威斯敏斯特礼拜堂是否完全不服英国“水土”呢？也不能这么说，因为它其实仍然有着一些本土的语汇，如突出的袖厅、深色大理石束柱等。威斯敏斯特教堂 1987 年被列入世界文化遗产。

英国晚期哥特 按照《欧洲建筑纲要》一书的定义，晚期哥特的时间大致是从 1250 年至 1500 年即 16 世纪，当然，部分建筑拖得更晚，直抵 19 世纪，更有些直到今天仍在敲敲打打。与早期哥特的质朴和盛期哥特的宏伟相比，晚期哥特的普遍特征就是奢华或繁文缛节。什么事情好像都是这样：开头拙朴简单，后来的好事者们总是喜欢弄得越来越复杂。在西方有如文艺复兴后期的风格主义、巴洛克、洛可可，在中国则像清代的家具与园林。哥特也不例外，看看夏特尔主教堂的早期西立面，素颜简雅，到了兰斯、亚眠时便尽显富贵荣华。英国也是如此，林肯主教堂还算相对洁净，但亨利七世小礼拜堂的外立面则喜庆有余。需要说明的是，晚期哥特建筑主要不在法国，它部分在英国，其他则分布于德国、意大利、西班牙等地，这其中很重要的一个原因就是英法百年战争（1337 年—1453 年），它搞得法国人无暇造房子。但法国之于晚期哥特也并非全无贡献，火焰式风格就是这个浪漫民族的发明，代表作是鲁昂主教堂，就是莫奈反复捉摸光线变化的那座大教堂。英国是晚期哥特的重镇，这一时期最典型或最具标志性的特征就是大名鼎鼎的扇状（也称扇形或扇面）拱顶，既像华盖，又像蛛网，结构严密但也缺乏逻辑。具体地它又可细分为两种，一种是格洛斯特主教堂式，另一种是剑桥国王学院礼拜堂式即所谓棕榈树式。

格洛斯特主教堂 格洛斯特在英国哥特的重要地位至少有两个方面。第一，在格洛斯特这里，曾一度为英国哥特所排斥的法国哥特那种一柱到顶的风格重又复现，但在英国被称作垂直风格，因为它还包括上下直通的阔幅窗棂。第二，贯穿于英国晚期哥特的扇面或扇状拱肋就是最早出现于格洛斯特，包括正殿与侧廊。由于格洛斯特的这种特殊性，2013 年英国之行时它便自然被我纳入了游程。但不巧的是参观当天正赶上教堂有乐团在排练，曲子是阿沃·帕特的《纪念本杰明·布里顿之歌》（因为当年是布里顿 100 周年诞辰），正是这首曲子将我的格洛斯特之梦搅得神魂颠倒，参观草草了之。

剑桥国王学院礼拜堂 剑桥国王学院礼拜堂和威斯敏斯特礼拜堂附属亨利七世小礼拜堂都由建筑师约翰·沃斯戴尔（John Wastell）设计，且差不多同时完成，前者是 1515 年，后者是 1519 年，由此也造就这两座教堂面貌的高度相似。尤其是拱肋，你看剑桥国王学院礼拜堂修长的束柱垂直向上直到屋顶，然后开出朵朵如棕榈树叶般的硕大扇形花瓣。对此，《建筑的故事》中有如下描绘：“精巧的雕刻石帆从每个墙面开始，一直伸展到高大无缝的中殿中端，汇聚而成天花。那独特的感觉，就好像穿行于满是棕榈树的林荫大道上。”另牛津神学院教堂也与此类似，这些都堪为英国晚期哥特之典范。

威斯敏斯特礼拜堂附属亨利七世小礼拜堂 亨利七世小礼拜堂建于1503年—1519年，与剑桥国王学院礼拜堂相比精巧程度更加“夸张”，它可以说是将英国哥特带到了巅峰。《建筑的故事》中这样写道：“它就像一个奇异的石头和玻璃盒子”“给人的印象就是一个珠宝盒”。这些形容真是形象。的确，教堂内外装饰都极事铺张：内部尤以精致华美的扇形拱顶著称，加上都铎朝代的徽号和琢饰，王气十足；外部尖塔林立，雕像繁缛，世俗化特征明显。但正因此，它也有弄巧成拙之嫌，是“走向极端而又滑向矫揉造作危险的一个案例”。

其他晚期哥特 除英国外，德国、东欧、南欧均有晚期哥特建筑的代表作，这些地方的哥特多以或高大或繁复的躯体而闻名，例如德国的科隆、乌尔姆，意大利的米兰。需要注意的是，这些建筑大都拖拖拉拉，旷日持久，甚至一直延绵到19、20世纪，还有些如西班牙巴塞罗那的圣家族教堂至今仍没完没了。

德国科隆主教堂与乌尔姆主教堂 现在我们将视线从英国移到德国，我们主要来看科隆主教堂。科隆主教堂东偎莱茵河，相貌冷峻，装饰疏简，不似法国教堂外立面那般喧闹，体现出一种恩格斯所说“神圣忘我”的宗教精神，也体现了日耳曼民族的性格——理性至上，故而被誉为“哥特式教堂的完美典型”。教堂西侧立面之上有两个气宇轩昂的钟楼，高157米，双峰插云，傲视群雄（其他那些教堂），令人震撼；钟楼内共有大钟5口，最重一口“圣彼得”竟达24吨，这也就难怪历史上塔楼多次发生坍塌，怎堪如此重负？所以修修补补不断，直到今天依然如此。我2012年去那里时就见到塔楼上搭建有脚手架。据说二战时科隆主教堂饱受狂轰滥炸，挨大小炸弹14枚，损坏严重，却屹立不倒，或真有神助。乌尔姆主教堂同样有一个令人震撼的外表，三座塔楼，东侧为双塔，西侧主塔161米，上干云天，由此为世界上最高的哥特建筑。不过也有建筑书说其设计水平陈旧，大致为13世纪，故看似建造复杂实则灵感匮乏，与当时英国建筑的创新不可同日而语。科隆主教堂1996年被列入世界文化遗产。

捷克布拉格圣维特主教堂与库塔娜霍拉圣巴巴拉主教堂 捷克这两座教堂在晚期哥特建筑中也有一席之地。与法、英、德哥特那些庞然大物相比，这两座教堂已算小个子。圣维特主教堂结构精巧，可说是捷克哥特的结晶，由于历时长久，还可见到文艺复兴与巴洛克的影子，其建筑观念也对德国、奥地利及东欧地区许多教堂建筑产生过深刻影响。圣巴巴拉更被视作晚期哥特的一颗璀璨明珠，为此 2007 年捷克之行我特意安排了去这座教堂。麻雀虽小五脏俱全，教堂外墙扶壁之上共矗立有 27 座尖塔，蔚为壮观；中殿气象森严，窗花美不胜收，天顶图案极尽优雅（不信可见照片）。值得一提的是库塔娜霍拉还有一座非同凡响的教堂——人骨教堂，据说装饰材料共使用了 10000 多具骸骨，因此也被称为人骨博物馆，我们中国人对此当然难以想象，闻之便已魂飞魄散。圣维特主教堂作为布拉格历史中心一部分，1992 年被列为世界文化遗产，圣巴巴拉主教堂 1996 年被列为世界文化遗产。

意大利米兰主教堂　意大利人并不认同北方文化，觉得那里粗野而自己优雅；但米兰又是意大利最接近北方的地方，因此也最能够或最愿意接纳北方。如此，意大利或米兰的哥特既是哥特之一，同时又有所不同。米兰主教堂亦称圣母降生教堂，规模仅逊梵蒂冈圣彼得，它被视作晚期哥特的一个经典例证。这个教堂最让人印象深刻的是其外部，雄伟、壮观。教堂建筑用料为白色大理石。我去过两次，一次是正午，强烈的光线照射在建筑立面上让人感到目眩；另一次是傍晚，夕阳又将教堂染成一片金黄。更令人称奇的是大教堂顶上居然耸立着 135 个小尖塔，且每个上面还站着一尊雕像，实在热闹非凡，但想想它们无依无凭，真是既辛苦又危险；远看，这一簇簇一束束矢状体尖塔与雕塑犹如一团团熊熊燃烧的火焰，呈现出无限升腾的动势。教堂中部高达 107 米的尖塔由著名建筑家布鲁内莱斯基（Brunelleschi）设计，但布鲁内莱斯基又是佛罗伦萨主教堂穹顶的设计者，可知这个时代已不仅属于哥特，同时还属于文艺复兴。此外有著述还列举了其他一些设计师，不过按《加德纳艺术通史》的说法，米兰主教堂是交由一个“建筑委员会”来负责的，这实际意味着最终没有哪一个建筑师起到了决定性的作用，毫无疑问，这一定会影响到该建筑的历史地位。

湖光山色中的教堂建筑 最后，在中世纪的收尾处，我们不妨再跳出哥特那些“名堂”来说说教堂建筑这个话题。欧洲的教堂不光在城市或集镇中，它也与乡村和自然为伴。当年，有无数僧侣或修士不避艰辛，来到人烟稀少甚或人迹罕至之地隐遁修行，同时召唤和安顿四周的灵魂，于是一个个小小的尖塔兀然竖起，它们在山林里，在水泽边，在炊烟袅袅、农舍依稀的怀中。如今这些地方几乎都风景如画，成了旅游胜境，就像我下面提供的这几处。当我在欧洲旅游看到那些乡村或湖光山色中的小教堂时，每每会想起杜牧的诗句：“南朝四百八十寺，多少楼台烟雨中。”

奥地利萨尔兹堡月亮湖区小教堂 这张照片是我2007年欧洲旅游时在奥地利萨尔兹堡月亮湖区或沃尔夫冈湖区一带拍摄的，晨曦尚未褪尽，近处草块明亮、围栏曲折，远景山峦层叠、水天一色，村庄中一座小教堂亭亭玉立，绰约身姿与周边景色浑然一体。

德国巴伐利亚基姆湖修女岛修道院 这张照片也摄于是年欧洲之旅。修道院位于德国巴伐利亚州基姆湖中，游艇离开小岛时回头望去，冬日的暖阳洒在修道院的白墙红瓦之上，又倒映在波光涟涟的湖水之中，画面是那样柔美，也符合印象派的要求。

德国巴伐利亚国王湖圣巴特洛梅修道院 我对圣巴特洛梅修道院向往已久，旅游指南渲染说到修道院途中能听到小号，2014年终得成行。修道院在国王湖深处，途中果真听到了船工的小号，不久娇美的修道院便映入眼帘，真是超凡脱俗，我迫不及待按下快门。

奥地利哈尔施塔特镇小教堂 哈尔施塔特是奥地利萨尔茨卡默古

特湖区的一个村落，风景绝美，如同仙境。秋天的早晨，阳光明媚，湖水湛蓝，镇上的教堂虽小但塔顶又尖又高，这正是哈尔施塔特的名片镜头，一个垂钓者恰好在左下角帮助我平衡画面。

第
2 单
元

从源头到中世纪的雕塑

约 公 元 前 8 世 纪 — 1 4 0 0 年

本单元标题为：从源头到中世纪的雕塑（约公元前 8 世纪—1400 年）。下设的内容包括：6. 埃及与近东——西方雕塑的源头；7. 希腊古风时期与古典早期雕塑；8. 希腊古典盛期与古典晚期雕塑——群星璀璨的年代：米隆、菲狄亚斯、波利克里托斯、普拉克西特列斯等；9. 希腊化时期雕塑——伟大的作品：米洛的阿芙罗狄忒和拉奥孔；10. 罗马以及中世纪雕塑。

与建筑一样，西方雕塑的源头也是在东方，在古代埃及神庙的圆雕上，也在古代埃及与中东石墙的浮雕上。因此，一部西方雕塑史同样要从东方开始。

看一下古代希腊古风早期的雕塑我们就会知道，它曾经是多么受埃及雕塑的影响。古风晚期的《临死的战士》仍未脱稚气，但《拉庇泰族与肯陶洛斯人（也称半人马族）的战斗》则已颇具古典味道，到了《女神阿芙罗狄忒的诞生》和《吹奏双笛的女子》这里，希腊的古典时代真正开始了，我们已经可以看到她优美的身形。

古典盛期的华丽帷幕是由米隆拉开的，接下来，我们看到一连串伟大的名字：菲狄亚斯、波利克里托斯、克雷西勒斯、普拉克西特列斯、留西普斯、列奥卡列斯。与此对应，《掷铁饼者》《泛雅典娜节队列》《三女神》《持矛者》《束发带的运动员》《捕蜥蜴的阿波罗》《尼多斯的阿芙罗狄忒》，那一个个有血有肉、栩栩如生的形象陆续进入我们的眼帘。这是西方雕塑史上第一个高峰期，最重要的是，它为整个西方古典雕塑树立了楷模。

伴随着雅典在伯罗奔尼撒战争中的失败，古典时期结束了，希腊文明渐渐进入了低谷。在公元前 330 年到公元前 240 年这近百年间，我们难以见到伟大和出色的作品。不过，接下来的希腊化两百年时期，我们重又看到雕塑的回暖。《帕加马宙斯祭坛浮雕》让我们领略了鸿篇巨制，而《萨莫色雷斯岛的胜利女神尼刻》《米洛的阿芙罗狄忒》以及《拉奥孔》则成为希腊雕塑结束期的典范之作，它们为伟大的希腊雕塑画上了优美的句点。

罗马人是现实的，更喜欢胸像和浮雕，目的在于表彰和纪念。罗马人是优秀的建筑师，但不是出色的雕塑家，雕塑在这里衰退了。西方中世纪雕塑进一步衰退，乃至跌入谷底，禁欲主义观念弄得人同木石。只是到了中世纪晚期，我们才或多或少感到一丝生命的气息。

◦6◦

约公元前 2500 年—前 7 世纪

埃及与近东——西方雕塑的源头

背　景

与建筑一样，埃及与近东的雕塑也可以追溯到十分久远的年代，今伊拉克瓦尔卡地区出土的乌鲁克女性头像和有浅浮雕的雪花石瓶大约都属于公元前 3200 年—前 3000 年时期的作品，古代埃及最早的雕塑作品或许就是约公元前 2570 年—前 2544 年的吉萨金字塔狮身人面像。之后，这两个地区的雕塑慢慢成熟起来，并且同样对西方产生了深刻影响。

欣赏作品

6-1　圆雕

《法老孟卡拉与王妃立像》，约公元前 2515 年（图 101）

《卡培尔王子像》，又名《村长像》，约公元前 2450 年—前

2350 年（图 102）

《涅菲尔娣蒂胸像》，约公元前 1348 年—前 1335 年（图 103）

《拉美西斯二世神庙造像》，约公元前 1279 年—前 1213 年（图 104）

6-2　浮雕

《垂死的牝狮》，公元前 668 年—前 627 年（图 105）

作品简介

圆雕　20 世纪 30 年代，伊拉克阿斯马丘一座神庙中发掘出一组人像，据推测，大约属于公元前 2700 年—前 2500 年，这或许是目前能够看到的古代近东地区最早的圆雕作品。古代埃及最早的圆雕作品或许是拉荷太普及诺弗尔特夫妇像（约公元前 2580 年）。这里我们主要考察四件古代埃及的作品。约公元前 2500 年左右，埃及的圆雕技术已经十分纯熟，代表作有《法老孟卡拉与王妃立像》（约公元前 2515 年）、《法老孟卡拉与女神像》（约公元前 2500 年）、《哈弗拉雕像》（约公元前 2500 年）等。

《法老孟卡拉与王妃立像》　这一表现国王孟卡拉与王妃卡蒙若内比提的立像高 138.4 厘米，发现于吉萨金字塔建筑群的河谷神殿中，由板岩雕刻而成，约真人四分之三大小。雕像为正面立像，表面光洁，应做过抛光处理；国王孟卡拉上身赤裸，体格健美，神情坚毅而庄重，紧握的双手象征着力量和权势；王妃卡蒙若内比提身材修长，右臂搂住孟卡拉的腰，左手搭于孟卡拉上臂，尽显温柔；二人左腿前迈，姿势笔挺，同时也有些拘谨和僵硬，这一造型也为后来许多其他雕像所仿效。另有一组法老孟卡拉与女神像，同上面这一立像极为相似，不同之处是孟卡拉左右各有一位女神，或说宫中侍女。

《卡培尔王子像》 Ka-Aper，这是一尊木雕，由于墓穴处于真空状态故能保存如此完好。与《法老孟卡拉与王妃立像》一样，这尊雕像也是姿势直立，左腿前伸；王子双目直视，炯炯有神；便便大腹也体现出其生活的养尊处优。据说该雕像出土时，一旁参与发掘的农民惊呼道:“这不是我们的老村长吗！”所以这尊雕像还有一个别称：村长像。另属于这一时期的还有一尊书记官卡伊像，同样十分出色。

《涅菲尔娣蒂胸像》 涅菲尔娣蒂是阿肯那吞的王妃。在埃及语里面，涅菲尔娣蒂（Nefertiti）是“美人在此”的意思。这尊雕像是涅菲尔娣蒂的胸像，石膏加灰泥，表面彩绘，它很可能是涅菲尔娣蒂御用雕塑家图斯摩斯（Thutmose）的作品。塑像中的王妃气质高贵、格调优雅、形态端庄；化妆或许正体现了王妃本人所好——浓黑的眼眉和深红的嘴唇；天鹅般的修长脖颈美艳动人，令人过目不忘。《加德纳艺术通史》中这样形容：“夸张的头饰与颈部的长度，就像是纤细的花茎上开出了一朵硕大的花。”

《拉美西斯二世神庙造像》 拉美西斯二世神庙位于阿布辛贝勒（Abu Simbel），它是拉美西斯二世献给自己以及阿蒙、拉-哈拉克提和卜塔的。神庙高 30 米，宽 40 米；在神庙入口两侧排列着四尊巨大雕像，每尊高约 21 米；这四尊雕像正襟危坐，注视着前方的尼罗河，每当人们经过这里，都会为这些高大巍峨的雕像群所震慑；更令人震慑的还在于这些雕像直接开凿于悬崖之上，这也很容易让我们联想到 3000 年后美国人在南达科他州山岩上所雕凿的总统群像。1968 年，为了不被修建的阿斯旺水坝淹没，人们再次将这座神庙及雕像群完整地向高处移动了将近 210 米，这真是一个奇迹。

浮雕　近东浮雕的历史与埃及一样悠久而漫长，例如出土于埃及萨卡拉的海西拉浮雕板大约可以推到公元前 2660 年，巴比伦的《汉谟拉比法典》石碑以及上面的浮雕更为我们所熟悉，它也可以追溯到公元前 1760 年。这里我们选择一件亚述时期的浅浮雕作品来加以考察。

《垂死的牝狮》　这是亚述巴尼拔的尼尼微宫殿中一组猎狮浮雕，上面满是倒地毙命的狮子。我们这里看到的这块浮雕就是整个猎狮图的一个局部。一只牝狮身中数箭，后腿拖曳于地，生命垂危，但它仍凭着奄奄一息，用强有力的前腿支撑起身体，发出最后的怒吼。艺术史家猜测，浮雕是想通过人王对兽王的猎杀来暗喻君主至高无上的权势和力量。但作者对于猎杀场景的观察和体会真是细致入微，包括野兽垂死挣扎时紧张的骨骼和暴突的肌腱，以及在临终前的哀鸣。今天我们再看此情此景，一定会产生无限同情和悲悯。

。7。

约公元前 7 世纪—前 450 年左右

希腊古风时期与古典早期雕塑

背　景

现在我们进入到雕塑历史的希腊时期，在这里我们将会看到那些代表人类雕塑最高水平或境界的皇皇之作及鸿篇巨制。不过，在完整展开希腊雕塑壮丽的画卷之前，我们首先有必要对希腊雕塑的发展概貌做一个基本的了解。希腊雕塑大致可以分为三个时期，依次是古风时期、古典时期、希腊化时期。具体时间是：古风时期：约公元前 7 世纪—前 470 年；古典时期：约公元前 470 年—前 336 年，其中公元前 470 年—前 450 年为古典早期，公元前 450 年—前 430 年左右为古典盛期，之后至前 336 年为古典晚期；希腊化时期：公元前 336 年—前 31 年。毫无疑问，这样一种划分是离不开社会历史大背景的，这里有必要再次提及以下几个重要背景：一是公元前 500 年，雅典经历克利斯提尼改革出现了民主政治，直到公元前 430 年左右，这是雅典的鼎盛时期；二是公元前 499 年希腊与波斯之间发生战争，双方交战一直持续到公元前449年，最终以雅典为中心的希腊取得胜利；三是公元前429年，雅典遭遇瘟疫，人口减少近半；公元前431年，雅典与斯巴达之间又发生伯罗奔尼撒战争，至公元前404年雅典宣告失败而结束。提及这几个背景，或许有助于我们了解包括艺术在内的希腊历史的完整性。注意到了吗？公元前500年—公元前430年这70年就是一段完整的历史，它涵括了古风晚期（公元前500年—前470年）、古典早期（公元前470年—前450年）和古典盛期（公元前450年—前430年），并且这正是希腊雕塑最为黄金的时期。基于这样的视角来考察希腊雕塑，我们也就不会过于拘泥人为的历史时期分割，而是会注意到所谓不同历史时期之间的联系。本讲内容是希腊雕塑的第一个阶段，具体可划分为四部分，即前古风时期、古风早期、古风晚期和古典早期，这是希腊雕塑的起步阶段，我们在这里可以看到希腊对埃及的承袭，也可以看到希腊对埃及的改变，更可以看到希腊自身风格的形成。当我们走完这一阶段就可以清晰地看到，一座恢宏的希腊雕塑宫殿是如何在这里奠基的。

欣赏作品

7-1　前古风时期

《持蛇女神像》，公元前1600年（图106）

7-2　古风早期

《欧塞尔少女像》，约公元前630年（图107）

《荷犊者》，也称《肩负牛犊的青年》，约公元前570年（图108）

《克洛伊索斯》，也称《库罗斯》即《小伙子》，约公元前

535 年（图 109）

《着衣少女像》，约公元前 530 年（图 110）

7-3 古风晚期

《金发碧眼的青年头像》，约公元前 485 年（图 111）

《临死的战士》，也称《卧倒的战士》，约公元前 490 年（图 112）

《克里提奥斯的少年》，约公元前 480 年（图 113）

《拉庇泰族与肯陶洛斯人（也称半人马族）的战斗》，约公元前 470 年—前 460 年（图 114）

7-4 古典早期

《德尔菲的驾车人》，约公元前 475 年（图 115）

《主神宙斯或海神波塞冬像》，约公元前 460 年（图 116）

《女神阿芙罗狄忒的诞生》，约公元前 470 年—前 460 年（图 117）

《吹奏双笛的女子》，约公元前 470 年—前 460 年（图 118）

作品简介

前古风时期 希腊人的雕塑实际从前古风时期就已经开始了，现有的考古发现可以将希腊雕塑的历史上溯到公元前 2700 年—前 2500 年左右，其中有一件基克拉泽斯群岛出土的竖琴手雕像还真的非常具有现代感。之后，克里特岛克诺索斯的米诺斯文化和希腊本土的迈锡尼文化都有雕塑作品留存下来。

《持蛇女神像》 这件作品为陶制，出土于克里特岛的克诺索斯王宫，时间大约为公元前 1600 年。女神裸胸，身着长裙，双手持蛇，这可能是一个女巫或女祭司。又一说在古老宗教中蛇是生殖力的象征，裸胸女神也象征着多产，且从女神的纤细蛇腰来看，的确也可能是人蛇合一的象征。其实在世界各地的原始文化与早期文明中，通过控制蛇以证明拥有法力的巫术现象比比皆是，它们也多通过各种形象或文字被留存下来。中国就有啊！《山海经》里的巫师或耳贯青蛇和足践青蛇，或干脆人面蛇身。除此之外，迈锡尼文化时期保留下来的两件雕塑也很著名，包括一件约公元前1600年—前1500年的金箔丧葬面具和一件约公元前1500年的金杯（因发现于华菲奥地区故也被称作华菲奥金杯）。

古风早期　总的来说，古风早期希腊人的雕塑还处于学习阶段或模仿阶段；其对人体的把握及雕刻技艺都显得非常稚嫩，作品可爱但不成熟；并且这一时期也明显受到埃及雕塑的影响，包括人体姿势、装束以及整个风格。

《欧塞尔少女像》　因早先存放地法国欧塞尔小镇而得名，其实出自克里特，或为神殿供奉所用；在希腊语中，少女又叫作“考丽”（Kore），所以也叫作《考丽像》。雕像高62厘米，凿刻技艺十分拙朴：少女并腿而立，上身着披肩，下身着长袍，右手扪于胸前，左臂垂于体侧，头饰假发，腰束宽带；塑像持正面站姿，但姿势刻板，以上这些特征可以说都明显受到埃及风格的影响，这应当是希腊雕塑的舶来时期。附带说一下，属于这一时期的雕塑还有发现于德尔菲阿波罗神庙的《祭司克琉比斯和比同》。两位年轻人都紧握双拳，左腿前迈，同样有着明显的埃及特征。但我们也已看到不同，即年轻人都赤身裸体，这或许正是希腊精神自由的一面，这种自由将在日后的雕塑中得到无限赞美和张扬。

《荷犊者》 也称《肩负牛犊的青年》，这件雕像高 164 厘米，大理石材质，当初发现它时已是一堆碎片，经慢慢修复终得恢复原貌。与之前相比，这件雕像已成熟不少，骨骼、肌肉都更加准确；荷犊者的手臂与牛腿构成 X 造型，增加了视觉的丰富性；其中小牛犊雕得尤其好，极为生动，这么说吧，就写实或再现而言，牛比人好；更为重要的是，从这尊雕像开始，希腊人渐渐露出了笑容，艺术史家通常喜欢将之称作“古风式微笑”。当然，人依旧是左脚向前，保持着一如既往的埃及姿势。

《克洛伊索斯》 “库罗斯”（Kouros）即小伙子的意思。古风时期有两尊“库罗斯”雕像。一具约制作于公元前 600 年，现藏于纽约大都会艺术博物馆，简称纽约库罗斯。再就是这尊，制作于约公元前 535 年，材质为大理石，高 193 厘米，雕像底座铭文注明，这是为纪念一个叫克洛伊索斯的年轻人而作，其在一次战役中英勇献身，现藏于雅典国家考古博物馆。对比两尊“库罗斯”，会发现纽约的那具生硬、稚拙；雅典的这座比例匀称，解剖准确，肌肉生动并富有弹性。虽然从姿势和发型看还没有完全摆脱埃及的痕迹，但已是接近成熟之作。

《着衣少女像》 雕像为大理石制作，高 118 厘米，一说 122 厘米。少女长发披肩，但发式比起欧塞尔少女明显自然，身着“佩普洛斯”（peplos）即羊毛衣裙，面带微笑，温柔可亲；她右手下垂，左臂已断，据推测原本应是向前伸出托着一件供物。雕像是在雅典卫城废墟中被发现的，有一种说法，它也是波斯入侵的牺牲品。我是 2005 年到希腊旅游参观雅典卫城博物馆时第一次亲眼看到这尊雕像，并且也是第一次了解到许多希腊雕像原本都是着色的，而非我观念中的白色，你看少女的裙裾，上面至今留有彩绘痕迹。

古风晚期 到了古风晚期，希腊雕塑的技艺有了很大的提高，通过下面的作品我们就会看到，这一时期希腊雕塑的进步是非常明显的，雕塑家对于人体结构、比例的把握都已渐趋成熟；不仅如此，希腊面貌在这一时期也明显形成了，希腊人已经开始叙述自己的故事，并且在装束、姿势、动态等方面摆脱了埃及的影响。此外如前面背景知识部分所说，我们不必过分拘泥时间的划分，因为下面的一些雕塑实际已经多少有了古典的面貌。

《金发碧眼的青年头像》 这尊青年头像可能制作于公元前 485 年左右，我把它置于古风晚期第一件作品。头像高 25 厘米，我拍摄的照片还算清晰。我们看到年轻人面庞俊俏、鼻梁挺直、眉清目秀，神情肃穆，一缕缕美发更平添了青春的活力，这一切使得雕像已颇具几分古典气息。

《临死的战士》 也称《卧倒的战士》。爱琴纳岛爱法伊俄神庙东西两侧三角楣（或称人字墙和山墙）上都有雕塑群，用于纪念马拉松战役，19 世纪初发现时已破损不堪，后经丹麦雕塑家托尔瓦森与俄国考古学家马里姆别格多年修复与考证，终得恢复原状。在这两组雕塑中，最经常被提到的是两具《临死的战士》雕像，其中东山墙的也被称作《卧倒的战士》，其实两个战士都呈卧倒状或垂死状。有趣的是西山墙那具竟然临死仍“忘记”收敛起“古风式微笑”，像在舞台摆 pose，让观者不免觉得有些滑稽。我们这里看到的是位于东山墙的，长 185 厘米，约制作于公元前 490 年，比西山墙那具晚约 10 年。生命垂危的战士左手持盾，右手握剑，奋力支撑着躯体，十分自然，这也很容易让我们联想起亚述浮雕上垂死的牝狮，两件作品立意惊人地相似。这两组雕塑群现藏于德国慕尼黑雕塑展览馆。

《克里提奥斯的少年》 这尊雕像出自雅典卫城的残垣废墟之中，

考古学家认为制作年代应早于波斯人的入侵，或说出自雕塑家克里提奥斯（Kritios）之手，所以将其称作《克里提奥斯的少年》。我们不妨将其与古风早期的《克洛伊索斯》相比，你会发现，这一雕像人体更加匀称、自然，手法也更加细腻、柔和。雕塑家尤其强调了骨盆上肌肉的处理，这使得躯干与大腿更加协调。在一定意义上，这件作品已经具有古典早期的迹象。

《拉庇泰族与肯陶洛斯人（也称半人马族）的战斗》 古风晚期另一处得以较好保存的是奥林匹亚宙斯神庙东西山墙雕塑群，时间约为公元前470年—前460年。其中东山墙组雕是《珀罗普斯与国王俄诺马俄斯的较量》，位于正中的是天神宙斯。我们这里看到的西山墙组雕是《拉庇泰族与肯陶洛斯人（也称半人马族）的战斗》，这是一则希腊神话故事：拉庇泰族国王庇里托俄斯与希波达弥亚结婚，其亲属肯陶洛斯人也前来参加婚礼，结果婚宴上肯陶洛斯人欧律提翁酒醉心迷试图抢婚，于是发生一场混战。位于正中的是阿波罗，高330厘米，脸侧向拉庇泰族一方，表明他是拉庇泰族保护神，在他左手侧则是肯陶洛斯人，我们看到半人马的欧律提翁已经将新娘抢到手；新娘身材苗条，衣褶自然，面露惊惧，非常生动，已极具古典味道，也因此，在一些著作中，宙斯神庙雕塑群是置于古典早期来论述的。两组雕塑现在都藏于希腊奥林匹亚考古博物馆。

古典早期 不少著述如《加德纳艺术通史》和《詹森艺术史》都将公元前470年左右作为希腊古典雕塑时代的开始，包括下面的作品都被视作古典时期的作品，应当说这是合理的。因为首先，这一时期埃及的影响几乎已经销声匿迹；其次，人体造型更加生动多样，丰富多彩，解剖比例结构也更加合理。以上这样两点其实正标志着一个真正或完全意义的希腊时代已经到来。除此之外，我们还看到在这一时期，著名雕塑家已经登上历史舞台并留下了传世作品，并且这些雕塑家很有可能就是后来米隆、菲狄亚斯等伟大雕塑家的启蒙老师。当然，我们也可以将公元前470年—前450年这个古典早期看成是古风时期的尾声，也因此我将它放在本讲来考察。

《德尔菲的驾车人》 这一时期有一些雕塑是由青铜铸造的。这尊青铜像高180厘米，真人大小，一说是由当时雅典著名雕塑家卡拉美斯所作，如属实则他可能是希腊最早的有记载且有作品的雕塑家。有评论说御者的站姿仍是“古风”的，这里我们同样可以看到古风晚期与古典早期的交叉性，当然，它显然已根本不是埃及那种样式；并且，雕塑呈现出愈加明显的写实风格，特别是那一双脚，是绝对的“劳动人民”，如此，也将埃及雕塑中仅存的一点象征因素消除得干干净净。

《主神宙斯或海神波塞冬像》 除《德尔菲的驾车人》外，这一时期著名的青铜雕塑还包括两件《利亚切武士像》和一件《主神宙斯或海神波塞冬像》，其中两件武士像约198厘米，宙斯或波塞冬像为209厘米，均比德尔菲驾车人高，英雄或神祇嘛，高大一些总是需要的。最重要的是，这些雕像都有着发达的肌肉、强壮的体魄、完美的身姿，就像矫健的运动员，或许他们正是以运动员为模特的，事实上，此时希腊雕塑家对解剖特别是肌肉组织和纹理已有深刻把握。或说两件武士像为当时著名雕塑家皮塔哥拉斯所作，《主神宙斯或海神波塞冬像》则已被证明是用间接失蜡技术制作的。值得一提的是，上面三座雕像都是从海里打捞上来的。罗马控制希腊以后，因艳羡希腊的雕塑，遂大量将它们运回供公共机构和私人别墅收藏，这其中不知有多少在运输途中葬身海底，能够得以重见天日的或许只是很小一部分。

《女神阿芙罗狄忒的诞生》 这件浮雕也被称作鲁多维奇

（Ludovici）宝座浮雕，原因在于其最初藏于意大利富豪鲁多维奇别墅。宝座上共有三块浮雕，其中正面的一块就是《女神阿芙罗狄忒的诞生》，大理石，90 厘米 ×142 厘米，据说也为卡拉美斯所作。希腊神话中的阿芙罗狄忒就是罗马神话中的维纳斯，她以貌美著称，司爱恋、婚姻及生育。雕像中阿芙罗狄忒从海水中缓缓浮起，姿势舒展，我们中国人通常叫作美人出浴；你看湿漉漉的衣裙紧贴阿芙罗狄忒的肉身，几近裸体，尽显女性美艳，两旁搀扶的是季节女神。其实，我们也不妨联想，希腊此刻的雕塑不正是美人出浴吗？

《吹奏双笛的女子》 鲁多维奇宝座侧面还有两块浮雕，分别是烧香女子像和吹笛女子像，其中尤以吹笛者为佳，高 84 厘米，女子呈裸体状，比例匀称，线条圆润，轮廓秀美，韵律动人，右腿搁于左腿之上，正悠闲地吹奏着双笛。其实，除鲁多维奇宝座浮雕外，这一时期还有其他一些重要浮雕，如奥林匹亚宙斯神庙嵌版《雅典娜、赫拉克勒斯和手握金苹果的阿特拉斯》、雅典卫城的《忧心忡忡的雅典娜》（也称《依矛哀悼的雅典娜》）。前者大力士赫拉克勒斯在雅典娜的帮助下用双手托举着天穹，在他面前是刚刚结束征程的阿特拉斯正递上取来的金苹果，目前藏于雅典国家考古博物馆；后者我们看到雅典娜头戴盔甲，依矛而立，面对一块墓碑呈哀悼状，目前藏于雅典卫城博物馆。

◦8◦

公元前 450 年—前 4 世纪左右

希腊古典盛期与古典晚期雕塑——群星璀璨的年代：米隆、菲狄亚斯、波利克里托斯、普拉克西特列斯等

背 景

希腊古典早期的雕塑已经在上一讲进行了考察，本讲内容是关于古典盛期与古典晚期。上一讲已经提到，将公元前 450 年确定为古典盛期的起始，乃是因为公元前 449 年以雅典为中心的希腊取得了对波斯战争的胜利，由此雅典也成为整个希腊世界乃至地中海地区的领袖或霸主；将公元前 430 年确定为古典盛期的结束，乃是因为公元前 431 年雅典与斯巴达之间发生伯罗奔尼撒战争，公元前 429 年雅典又遭遇瘟疫，人口减少近半，伯罗奔尼撒战争最后于公元前 404 年以雅典失败而告终，雅典的霸主地位亦随之结束。接下来，直到公元前 336 年亚历山大继承王位，希腊世界一直处于混乱状态，这段时间也是通常所说的古典晚期。就雕塑而言，古典盛期是公元前 450 年—前 430 年左右。古典盛期是接着古典早期讲故事，赞美神祇，歌颂英雄；但也

有新的时代内容，包括描绘重大的庆典以及与希腊社会生活息息相关的体育运动。总之，这一时期的气氛是欢乐和愉悦的，同时又充满了崇高的理想，审美法则得以确立。但我们看到，在公元前430年与公元前350年之间，希腊雕塑明显存在着一个断档期，几乎没有优秀的作品面世或存世，这应当是与该时期希腊社会混乱现实相吻合的。古典晚期是公元前350年—前330年左右。公元前5世纪末，伴随着雅典在伯罗奔尼撒战争中的失败，其霸主地位也宣告结束，现在的雅典人也像当初的波斯人一样，品尝了战败所带来的痛楚和恶果，这一切也会反映到艺术生活中来。正如《加德纳艺术通史》中所写："伯罗奔尼撒战争和公元前4世纪连绵的战事结束了这一切。""在公元前5世纪的时候，希腊人曾经普遍相信：理性的人类能够赋予环境以秩序，创造出'完美'的雕像"，但是这一平静的理想主义随战争而幻灭，于是"希腊人的思想和艺术放弃了对完美社会和理想世界的描绘，开始更多地关注个体和现实"。神的力量不再，那就干脆赋予其人性。其实，我们不妨也可以这样来把握希腊古典盛期与晚期的雕塑创作，这就是一前一后各两个20年：前一个是公元前450年—前430年左右，后一个是公元前350年—前330年左右，这或许更方便你记忆。

欣赏作品

古典盛期

8-1　米隆

《掷铁饼者》，公元前450年（图119）

8-2　菲狄亚斯

《泛雅典娜节队列像》，约公元前445年—前438年（图120）

《三女神》，也称《命运三女神》，约公元前438年—前432年（图121）

8-3 波利克里托斯

《持矛者》，或称《法规》，公元前450年—前440年（图122）

《束发带的运动员》，公元前420年（图123）

8-4 克雷西勒斯

《伯里克利半身雕像》，公元前425年（图124）

8-5 雅典卫城雅典娜—尼刻神庙南面护栏

《系鞋带的尼刻》，约公元前410年（图125）

古典晚期

8-6 普拉克西特列斯

《捕蜥蜴的阿波罗》，或称《杀蜥蜴的少年》，公元前4世纪（图126）

《尼多斯的阿芙罗狄忒》，公元前350年—前330年（图127）

《使者赫耳墨斯和婴儿狄俄尼索斯》，公元前330年（图128）

8-7 留西普斯

《刮汗污的运动员》，公元前330年（图129）

8-8 列奥卡列斯

《观景台上的太阳神阿波罗》，约公元前330年（图130）

作品简介

古典盛期 这一时期最伟大的雕塑家主要有三位，即米隆、菲狄亚斯、波利克里托斯，此外还有克雷西勒斯。如米隆的《掷铁饼者》、菲狄亚斯的《太阳神阿波罗》都创作于公元前450年，由此也就拉开了古典雕塑鼎盛时期的序幕，这一时期一直延续到公元前430年左右，在此期间，菲狄亚斯、波利克里托斯、克雷西勒斯等创作了大量作品。

米隆　据《世界美术名作鉴赏辞典》，米隆（Myron）是阿提卡与彼奥提亚一带的伊留特拉依人，长期居住在雅典，活动盛期约在公元前480年—前445年。米隆特别善于处理动感和变化，其伟大或过人之处，更在于把生命气息灌注于冰冷的材料之中，使得雕塑变得生机盎然。米隆的作品全用青铜浇灌，但原作都没有保存下来，如今所见均为复制品。

《掷铁饼者》　米隆留下的雕像并不多，但这件《掷铁饼者》无疑是希腊雕塑宝库中最伟大的作品之一。雕塑原为青铜像，制作于公元前450年，已佚。幸好有罗马时期的这件复制品，得以让我们一睹伟大雕塑家的伟大作品。复制品大理石材质，高148厘米，一说155厘米，又一说173厘米，这或许是计算底座或不计算底座的差别。雕像真实且富有感染力：投掷者弯腰、转身、肌肉紧绷、神情镇定；右腿用于支撑，左腿用于旋转；躯干强烈扭曲呈S形，这是希腊自有雕塑以来最大的动作幅度；张开的双臂形似满弓，铁饼已摆动到至高点，只待最后瞬间一掷。这件作品的人体解剖极为合理，且稳定感、运动感、节律感都把控得恰到好处，平衡中有动势，和谐中有爆发；显而易见，雕塑家对运动员躯体里的能量与活力有着深刻的理解，他只是用点金之术将它们焕发出来；整件作品洋溢着向上的力量，这也正是公元前450年希腊精神的真实体现，朝气勃勃；因此可以毫不夸张地说，这件作品是里程碑式的。顺便一提，前面曾说过，罗马人大量将希腊雕塑运回，其间不知造成多少遗失；但另一方面，它同时也催生了一个新兴行业——复制品生产，这或多或少又保存了部分希腊雕塑，就如米隆的这件作品。《掷铁饼者》现藏于意大利罗马国家博物馆马西莫宫，或称特尔默宫。米隆另外还存有一件组雕：《雅典娜与玛息阿》，同样十分出色，雅典娜庄重、沉稳、典雅、傲慢，玛息阿粗鄙、衰迈、恐惧、慌张，一静一动，形成鲜明的戏剧性对比。可惜作品已经一拆为二，雅典娜现藏于德国法兰克福博物馆，玛息阿现藏于意大利罗马拉特朗博物馆。

菲狄亚斯　菲狄亚斯（Phidias）的雕塑与雅典卫城的建造密切相关。如前面建筑部分所述，公元前499年希腊与波斯之间发生战争，公元前480年雅典一度为薛西斯大军所占领，卫城被夷为平地，交战一直持续到公元前449年，在伯里克利领导下，随即开始重建卫城。了解这段历史，或许也有助于我们了解雕塑家及其作品。菲狄亚斯据说是伯里克利的挚友和艺术顾问，重建雅典卫城时被委以重任，负责艺术装饰的设计和监工。与米隆的雕塑有所不同，菲狄亚斯的作品普遍体现了一种静穆之美，它们高贵、和谐，代表或奠定了欧洲古典雕塑的审美取向与范式，也体现了欧洲古典雕塑的巅峰水平。菲狄亚斯的雕塑作品以雅典娜神像居多，且许多是鸿篇巨制，可惜这些神像大都没有保存下来，不过好在巴特农神庙仍留下了不少菲狄亚斯极其宝贵的原作。以下我们看两件最具菲狄亚斯风格的作品。

《泛雅典娜节队列像》　巴特农神庙内部柱廊上中楣（距地面约12米左右）处原有一圈高1米，长达160米（现存留120余米）的浅浮雕饰带，由菲狄亚斯于大约公元前445年—前438年所作，上有人物500多，马匹100多，学者普遍倾向于这就是四年一次的泛雅典娜节游行。游行队伍从西面开始，分别沿南北两侧朝东面行进，包括威武的马队、长老与少女队列，甚至还有奥林匹亚诸神，场面壮观，声势浩大，雕塑节奏跌宕起伏，宛如一部交响曲。这些浮雕现在分别被保存在法国巴黎卢浮宫、英国伦敦大英博物馆、希腊雅典卫城博物馆等处。我们这里看到的是其中被称作《少女与长者》的一块。

《三女神》 也称《命运三女神》，原本位于帕特农神庙东侧人字墙，约创作于公元前438年—前432年，大理石材质，高130厘米。该人字墙雕塑是在叙述雅典娜诞生的故事，《三女神》位于右半边，据研究是灶神赫提斯、女巨人狄俄涅和美神阿芙罗狄忒。三女神姿态高贵，宁静而典雅，互相偎依，或坐，或蹲，或躺；她们衣裙贴身，衣褶自然，轻薄衣衫如同蝉翼，又如刚刚出水；衣物后面的女性躯体成熟、丰满、健康，胸部、腿部特别是腹部刻画逼真，富有弹性，极尽柔美。在2013年的英国之行中，我终于在大英博物馆一睹这旷世杰作。另山墙右侧最边上还有一个没入海里、意味月亮西沉的马头，长83.3厘米，形象生动、精准，堪为动物雕塑的典范，也藏于大英博物馆。

波利克里托斯 波利克里托斯（Polykleitos，也译作波留克列特斯等）是昔克翁人，但主要生活在阿尔戈斯地区。波利克里托斯与菲狄亚斯齐名，不过这不仅是因为他的雕塑成就，而且还在于或更在于他的雕塑理论。波利克里托斯秉承毕达哥拉斯及其学派有关“数”的思想，认为雕塑即人体也存在数或比例关系。凡是符合这一比例关系就是和谐的，否则相反。为此，波利克里托斯专门创作了一尊叫作《法规》的雕像（也就是《持矛者》），并且又专门撰写了一篇叫作《法规》的论文。前者提供实物范本，后者加以理论解释。雕像因有复制品得存，而著作已佚，但我们可以通过其他文献了解一二，如一个生活在公元前2世纪的叫加伦的医生记述道：美源自“身体各部分之间的对称性，如手指和手指的对称，所有手指和手掌、手腕的对称，手与前臂的对称，前臂与上臂的对称——是一切与一切的对称，正如波留克列特斯在《法规》中所写的那样……波留克列特斯用自己制作的雕塑来支撑这篇论文，并将这座雕像命名为《法规》，和他的著作同名”（自《加德纳艺术通史》）。又一说波利克里托斯在《法规》中将身长与头之比规定为7∶1，并认为这是一种最理想的美。但也需要看到，由于波利克里托斯的作品过于注重比例关系，因此容易导致形式大于内容，并且这也会影响到日后希腊雕塑的风格。与米隆一样，波利克里托斯的原作均未能保留下来，如今看到的都是复制品。

《持矛者》 也就是大名鼎鼎的《法规》。这尊大理石雕像有无数罗马复制品，但以发现于庞贝的这件最佳。雕像高210厘米，持矛者姿势自然，左手执矛，右臂下垂，右腿直立，左足弯曲，体格强壮，肌肉发达。在轻松自然中，我们可见雕像比例和谐，法度严谨。

《束发带的运动员》 这件雕像高186厘米，是波利克里托斯晚年的作品，也可看作《持矛者》的姐妹篇。运动员身形健壮，比例匀称，肌肉完美；他刚刚将一根胜利束带系在自己额上，充满幸福和自豪感；整件作品情绪欢愉，气氛轻松。原作材质可能为青铜，现为大理石复制品。

克雷西勒斯 有关克雷西勒斯（Kresilas）的介绍不多，大抵知道他是克里特人，长期居住在雅典，曾为菲狄亚斯的学生，在当时与菲狄亚斯和波利克里托斯齐名。

《伯里克利半身雕像》 半身雕像也称胸像（herm，即立于方柱上的半身像）。原作为青铜材质，已佚，存有不止一件复制品，均为大理石材质，如藏于英国伦敦大英博物馆的高48厘米，藏于梵蒂冈博物馆的更高，上面刻着：“伯里克利，桑希巴斯之子，雅典人。”证明为伯里克利无疑。我们看到，伯里克利目光深邃，神情庄重，意志坚定，面部刻画简练而完美；将军头盔表明了其雅典执政官的身份，络腮胡须则象征着处事的老成和稳重；可以说，雕像向人们展示了一位杰出政治家的精神面貌，他在雅典人心目中的地位就如同奥林匹亚神明一般，难怪罗马作家普林尼称其为“奥林匹亚的伯里克利”。

《系鞋带的尼刻》 这是一件浮雕，位于雅典卫城雅典娜—尼刻胜利神庙南面护栏，高约 107 厘米。浮雕中尼刻女神抬腿，躬身，正整理着鞋带，但这样一个寻常动作却被雕塑家表现得极其生动，匆忙却不失优雅。雕塑风格一如菲狄亚斯的《三女神》：衣物紧贴女子身体，就像被水浸湿过一般透明；裙裾质地柔软，轻松下垂，褶皱自然；女性形体圆润而丰满，优美曲线得到淋漓尽致地呈现，充满韵律感。大理石在这里被赋予了旺盛的生命。

古典晚期 直到公元前 350 年前后，重又出现一批雕塑家及重要作品，一般认为这一晚期最伟大的三位雕塑家是：普拉克西特列斯、斯科帕斯、留西普斯，此外列奥卡列斯也同样很出色。古典晚期一直持续到公元前 330 年左右并与希腊化时期交接。但由于这一时期的跨越性，所以一些著述也将留西普斯、列奥卡列斯当作希腊化时期的雕塑家。

普拉克西特列斯 普拉克西特列斯（Praxiteles）是雅典人，主要创作期在公元前 370 年—前 330 年。他一生雕像无数，多以大理石为材料。最重要的是，普拉克西特列斯的作品与前辈明显有所不同：他更喜欢优美、柔美或曲线之美，男性呈现女性化，女性开始出现裸体化，由此其雕塑也具有更多的诗意与抒情感。《詹森艺术史》中这样评价普拉克西特列斯：公元前 5 世纪的艺术家强调神的威严，普拉克西特列斯则赋予他们一种青春的美感。

《捕蜥蜴的阿波罗》，或称《杀蜥蜴的少年》 普拉克西特列斯雕塑中的男子不是运动员，也没有英雄感，就像这件作品，与其说是阿波罗，不如说是美少年；少年形体呈S形，显得纤细、优雅，但也女性化十足；他正全神贯注于树干上的一只蜥蜴，闲情逸趣且不谙世事。对应到后来的雕塑，这不是文艺复兴时期早期和盛期的，不是米开朗琪罗的；是文艺复兴晚期矫饰主义的，是布隆奇诺的；是巴洛克和洛可可时期的，是贝尼尼的；也是法国新古典主义盛期的，是吉罗代—特里奥松的。

《尼多斯的阿芙罗狄忒》 普林尼曾记录普拉克西特列斯作品共46件，其中三分之一为女性裸体，这尊《尼多斯的阿芙罗狄忒》就是其中最具代表性的，可谓普拉克西特列斯风格之典范。雕像高230厘米，为罗马复制品，表现了阿芙罗狄忒入浴时的情景，她左手提着脱下的衣裙，右手自然垂下正好遮挡住私处，体态娇媚，风姿绰约，楚楚动人，而大理石又尽显女性肌肤细腻光洁之美。关于阿芙罗狄忒雕像，我们不妨读一段黑格尔的论述，黑格尔说阿芙罗狄忒是"体现纯美的女神。除掉秀美三姊妹和季节女神之外，只有她在希腊雕刻中才以裸体出现，尽管也有些艺术家不把她雕成裸体。把她雕成裸体是有正当理由的：因为她所要表现的主要是由精神加以节制和提高的感性美及其胜利，一般是秀美、温柔和爱的魔力。她的眼睛即使在应显得严肃崇高的时候，也比雅典娜和天后的眼睛小，这不是指较短，而是指眼孔张得较窄，由于下眼皮略微向上扬起，这就使得爱的思慕之情表现得极美。不过她在表情上有很多变化，时而严肃，威风凛凛，时而温柔妩媚，时而当壮年，时而是少女"（《美学》，第三卷上册，第180页）。特别需要说明的是，普拉克西特列斯的这件《尼多斯的阿芙罗狄忒》乃是希腊世界第一尊裸体女神圆雕像（虽之前瓶画上也已出现女性裸体，但远远无法相比），因此也可以视作西方艺术女性裸体的正式开端，意义非凡。普林尼还记述道：雕像最初乃应尼多斯人之约而作，共两件，一件着衣，一件裸体，而尼多斯人只取后者；不出所料，立于尼多斯岛的雕像随即名闻遐迩，小岛立刻成为人们“朝圣”之所，按今日说法即是旅游胜地，观赏者络绎不绝；而这尊雕像也倾倒一代代雕塑家，并引得后人竞相仿制。

《使者赫耳墨斯和婴儿狄俄尼索斯》 赫耳墨斯，主神宙斯之子，掌商业、交通，传说中疾走如飞，故为众神使者；狄俄尼索斯，酒神，传说为赫耳墨斯私生子；作品所表现的是赫耳墨斯正前往尼萨山林，欲将狄俄尼索斯托付给宁芙女神。一如前面的阿波罗，赫耳墨斯脸庞俊秀，身形纤细，富有女性曲线之美；他正倚靠着树干歇息，折断的手臂原本是拿着一串葡萄在逗弄狄俄尼索斯（葡萄酒的发明者），情节颇显温柔。雕像发现于奥林匹亚赫拉神庙，大理石，高 215 厘米，曾被认为是原作，但目前更被认为是高水平的复制品。

留西普斯 留西普斯（Lysippos）来自希瑟昂，古典晚期三大雕塑家之一，据说生前创作有 1500 件青铜雕塑。前面了解过古典盛期的波利克里托斯将身长与头之比规定为 7∶1，留西普斯则提供了一种全新的法则——8∶1，这也是留西普斯的独到之处。

《刮汗污的运动员》 这是留西普斯最著名的作品，原作已佚，现在看到的是罗马复制件，大理石，高 205 厘米。比赛刚刚结束，运动员正在刮去身上的汗污。我们看到，对比波利克里托斯的《持矛者》，这件雕塑的人体显然更加修长。与普拉克西特列斯不同，留西普斯从不制作女性塑像。另据说留西普斯深受马其顿国王菲利普和亚历山大赏识，成为宫廷钦定的雕塑家。此外，留西普斯的作品还有《赫拉克勒斯》（藏于意大利那不勒斯国家考古博物馆）、《系鞋带的青年》（藏于丹麦哥本哈根博物馆），但均为复制品。

列奥卡列斯 列奥卡列斯（Leochares）也是古典晚期著名雕塑家，但由于作品存疑，因此对他的介绍十分有限。

《观景台上的太阳神阿波罗》 一些学者认为这是列奥卡列斯的作品，但并未被确认，我们这里仍归在这位雕塑家名下。原作可能是青铜材质，现为大理石复制品，高224厘米。雕像发现于15世纪末，之后成为教皇尤利乌斯二世的收藏品，因置于梵蒂冈观景台别墅庭院而得名。德国著名艺术史家温克尔曼在《古代艺术史》里曾激动地赞许道："面对这件奇妙的艺术作品，我把一切都置之脑后。"我们看到阿波罗英俊潇洒，风流倜傥，方才杀死了毒龙；你看他左手持弓，箭已射出，右手刚刚收回，一派踌躇满志模样。另学者们常将此作与《狩猎女神阿耳忒弥斯执着马鹿》（藏于法国巴黎卢浮宫）对比，认为二者风格相近，属姊妹篇。

·9·

公元前3世纪—前1世纪

希腊化时期雕塑——伟大的作品：米洛的阿芙罗狄忒和拉奥孔

背 景

就希腊历史而言，如果将公元前336年作为希腊古典时期与希腊化时期的分界线，是因为是年亚历山大继承其父腓力二世的王位，但也有历史学家将公元前323年即亚历山大去世作为希腊化的起点；之后，公元前150年大抵可以作为希腊化时期的一个分界点，在此之前罗马军队已经逐渐击溃马其顿军队，至公元前146年希腊终成为罗马的一个行省；公元前31年通常作为希腊化的终点，因为是年罗马完成了对埃及等的全部征服，它宣告希腊时代的结束，罗马时代的开始。我们姑且也就以上述历史节点来做希腊化时期雕塑进程的分界点，即大抵将希腊化时期的雕塑分为两个阶段：一个是希腊化早期，如前一讲所说，有的艺术史著作也会将古典晚期的一些雕塑家当作希腊化时期人物看待，但一般来说，希腊化早期主要指约公元前240年—约前

150 年左右的作品；另一个是希腊化后期也即希腊与罗马交汇时期，作品时间主要是从约公元前 150 年—约前 50 年。希腊化时期的文化中心主要有三处：叙利亚的安条克（Antioch）、埃及的亚历山大里亚（Alexandria）以及希腊本土小亚细亚的帕加马（Pergamon）。但按照一般艺术史通则，我们主要考察希腊本土的雕塑艺术。希腊化时期的雕塑至少有这样几个重要倾向：一是古典时期静穆、和谐的风格逐渐被激烈、扭曲、夸张的形态所取代，例如《沉睡的萨提尔》《帕加马宙斯祭坛浮雕》《拉奥孔》；二是表现女性题材的作品特别是裸像日渐增多，情色刻画日益明显，例如《萨莫色雷斯岛的胜利女神尼刻》《米洛的阿芙罗狄忒》《美惠三女神》；三是伴随着英雄走下神坛，现实或平凡题材获得关注，这在《杀妻后自杀的高卢人》《垂死的高卢人》中已露端倪，然后在《拳击手》和《拔刺少年》这里得到生动的表现。总之，这是一个突破道德与审美理想的时代，原有法则已乱，美妙与诱惑共存，各种变化和可能共存！它真是像极了后来意大利文艺复兴晚期的矫饰主义，像极了法国新古典主义或学院派后期的风格，也像极了法国后来的现实主义潮流。

欣赏作品

9-1　希腊化早期

《杀妻后自杀的高卢人》，公元前 240 年（图 131）

《垂死的高卢人》，约公元前 230 年—前 220 年（图 132）

《沉睡的萨提尔》，约公元前 230 年—前 200 年（图 133）

9-2　希腊化早期最具代表性的作品

《萨莫色雷斯岛的胜利女神尼刻》，约公元前 190 年（图 134）

《帕加马宙斯祭坛浮雕》，公元前 180 年—前 160 年（图 135）

9-3　希腊化后期也即希腊与罗马交汇时期

《拳击手》，约公元前 100 年（图 136）

《拔刺少年》，约公元前 1 世纪（图 137）

9-4　希腊化后期最具代表性的作品

亚历山德罗斯：

《米洛的阿芙罗狄忒》，约公元前 100 年（图 138）

阿格桑德罗斯、波里多罗斯、阿泰诺多罗斯：

《拉奥孔》，约公元前 1 世纪（图 139）

作品简介

希腊化早期　上面背景部分已经提及，希腊化时期希腊本土的中心是帕加马王国，其位于小亚细亚即今土耳其的西部和南部。帕加马王国建于公元前 284 年，亚历山大帝国分裂之后；这期间，约公元前 241 年，希腊人与北方游牧民族高卢人之间发生了战争，在帕加马国王阿塔鲁斯一世的领导下，希腊人赢得了战争的胜利；公元前 133 年帕加马末代国王阿塔鲁斯三世死后，王国由罗马人接管。希腊化早期雕塑大致就是指从约公元前 240 年到约前 150 年的这段时间的作品，此时希腊还没有成为罗马行省，我们在这里会看到一批杰作，其中就包括著名的《萨莫色雷斯岛的胜利女神尼刻》和《帕加马宙斯祭坛浮雕》。

《杀妻后自杀的高卢人》　有两件出色刻画希腊人与高卢人战争的雕塑作品留存至今，这是其中一件。原作可能塑于公元前 240 年，青铜材料，现在看到的是罗马时期大理石复制品，高 211 厘米。一个战败的高卢人，为了不受凌辱，先杀死自己的妻子，然后自杀。雕塑中这位战士昂首屹立，左手扶着已经死去的妻子，右手执剑刺入自己心脏。我们中国人见到此情此景，或许会想到楚霸王项羽，乌江自刎，死亦凛然！

《垂死的高卢人》 这是另一件描述希腊人与高卢人之战的作品，同样十分出色。身负重伤的高卢人肋处淌着血，低垂着头，右手撑地，奄奄一息，但仍流露出不屈的精神；对比古风时期的《临死的战士》，此作无疑更加真实。该雕塑原创作于约公元前230年—前220年，现为大理石复制品，高93厘米。以上两件作品原先都存放于帕加马卫城，希腊人在这里看到了值得敬畏的敌人，他们虽败犹荣！

《沉睡的萨提尔》 在希腊神话中，萨提尔原本属于半人半羊之神，长有公羊的角和腿，善吹笛，性欢愉，好与山林水泽宁芙仙女一起玩耍，有点像潘神。正因此，他也经常被想象或塑造成风度翩翩的美少年，颇讨女性喜欢。就像这件雕塑，酣睡中的萨提尔辗转反侧，也许正做着春梦？不仅如此，艺术家还特意让他自由伸舒双腿，毫无顾忌地向观者展示性器官，作品充满情色意味。这又让我们联想到日后法国画家布格罗的《山林水泽仙女和森林之神》、印象派文学家马拉美和印象派音乐家德彪西的《牧神午后》，原来母题就在这里！

希腊化早期最具代表性的作品 现在我们来看这一时期的两件最具代表性的作品：《萨莫色雷斯岛的胜利女神尼刻》与《帕加马宙斯祭坛浮雕》。

《萨莫色雷斯岛的胜利女神尼刻》 说到这件作品，我们不得不首先提及收藏于希腊奥林匹亚考古博物馆里的一件尼刻像：女神从天而降，刚刚触地，她身姿轻盈，衣裙飘扬，衣裙里面肉体丰满，年轻女性生命力一展无余，据说该雕像由派翁尼奥斯创作于公元前420年左右。

显然，这两件作品有近似之处。《萨莫色雷斯岛的胜利女神尼刻》约完成于公元前190年，乃为纪念德梅特里奥斯在海战中击败埃及托勒密王国舰队而作。雕像高约246厘米，大理石材料，原先建于萨莫色雷斯岛海边的悬崖之上。胜利女神尼刻站在一艘希腊战舰的舰首，昂首挺胸，凌空展翅；海风迎面吹来，将衣裙拂向后方，裙裾飞舞，褶皱自然，雕刻纹路清晰，线条流畅；在衣裙后面我们可以看到女性迷人的肉体和优美的躯干，特别是那富有弹性并随呼吸起伏的腹部。整件雕塑所达到的高超技艺真是令人叹为观止。1863年发现时几成碎块，头也遗失，后经多年修复方得重现英姿。这可以说是希腊化时期最令人难忘的作品之一。雕像现藏于法国巴黎卢浮宫，在上下两层楼梯之间，它与《米洛的阿芙罗狄忒》和《蒙娜丽莎》一道被喻为卢浮宫三宝。

《帕加马宙斯祭坛浮雕》 帕加马宙斯祭坛座基四周有一圈浮雕饰带，大约制作于公元前180年—前160年，高2.3米，长约120米，由115块宽1米左右的大理石饰板拼接而成，上面有人物80多个，或说100多个；这一形式及规模想必受到前辈创作的影响，如菲狄亚斯的雅典卫城帕特农神庙柱廊中楣浮雕饰带。宙斯祭坛浮雕内容表现了希腊众神与巨人间的混战，据说是象征或隐喻阿塔鲁斯一世领导下的帕加马也即希腊人对高卢人的胜利。如其中一个场景是讲述雅典娜与有翼巨人阿尔库俄纽斯的战斗：雅典娜揪住阿尔库俄纽斯的头发，巨蟒则缠绕巨人躯体令其不得动弹，胜利女神也在一侧助威；阿尔库俄纽斯鼓起双翼试图挣扎，但却无计可施，他眉头紧蹙，表情痛苦，其母该亚从地下冒出请求雅典娜的赦免。整幅浮雕场面阔大，冲突激烈，气氛紧张；人物动势夸张，情绪狂暴，充满戏剧性；这些都完全不同于古典时期风格，但绝对耀眼夺目。遗憾的是浮雕饰带的创作者没有记载下来。现在该浮雕饰带连同整个帕加马宙斯祭坛都被保存在德国柏林博物馆岛的国家博物馆里，我 2007 年去柏林旅游时参观过这一建筑及其雕塑，当时所受到的震撼真是难以言表。

希腊化后期也即希腊与罗马交汇时期　这是一个在历史划界上明显交叉和重叠的时期。若按罗马时代的起点或希腊时代的终点来算它还未到，但希腊此时又已经成为罗马的行省。这一时期的一些作品呈现出明显的现实主义风格，就如以下两件。

《拳击手》　雕塑高 128 厘米，青铜材质。我们看到拳击手身体健壮，但已并不年轻，或许为乞生活而入此行？他手缠绷带（拳击用皮条），刚刚经历了一场恶战，被打得满脸开花，此刻正坐着休息，或许也正与一旁站着的人交流，情形逼真，属于典型的现实主义作品。

《拔刺少年》　雕塑表现了一个男孩正在凝神拔除左脚上的刺，这是一个典型的远离英雄的题材，平凡而现实，细枝末节中透露出浓浓的生活气息。原雕塑由希腊人制作于公元前 1 世纪，有不止一件复制品，我们这里看到的是罗马时期青铜复制品，高 73 厘米。

希腊化后期最具代表性的作品　我们同样来看这一时期的两件最具代表性作品：《米洛的阿芙罗狄忒》与《拉奥孔》。由于此时希腊与罗马的重合性，有些著述如《詹森艺术史》中便将《拉奥孔》归在罗马名下，这是可以理解的，但或许基于同样的归类原因，其对《米洛的阿芙罗狄忒》竟不置一词，这也是令人费解的。

《米洛的阿芙罗狄忒》　雕像为大理石，高 202 厘米，因时间与罗马交叠，也称《米洛的维纳斯》。我们在前面其实已经看过两件阿芙罗狄忒雕像，一件是古风时期的《女神阿芙罗狄忒的诞生》，另一件是古典晚期普拉克西特列斯的《尼多斯的女神阿芙罗狄忒》。希腊化时期是一个赞赏优美而非崇高的年代，这同样也体现在阿芙罗狄忒雕像上，一个明显的现象是，这一时期阿芙罗狄忒的雕像大大增加了，例如有《蹲着的阿芙罗狄忒》（约公元前260年，现藏于法国巴黎卢浮宫）、《叩伦纳的阿芙罗狄忒》（约公元前2世纪，现藏于意大利罗马国家博物馆）、《卡庇托利诺的阿芙罗狄忒》（约公元前150年—前120年，藏于意大利罗马卡庇托利诺博物馆）、《提洛岛的阿芙罗狄忒》（亦称《阿芙罗狄忒、潘神与厄洛斯》，约公元前100年，现藏于希腊雅典国家考古博物馆），以上是不完全的统计，类似的还有《美惠三女神》（约公元前2世纪，现藏于法国巴黎卢浮宫）。这不能不令人感叹：英雄退场之际便是美人登台之时！《米洛的阿芙罗狄忒》雕像发现于米洛岛，基座上署有雕塑家的名字：亚历山德罗斯（Alexandros）。出土时还发现有一单独拿着金苹果的手臂，这可能就是希腊神话中“帕里斯审判”的传说。根据传说，年轻的特洛伊王子帕里斯被要求在阿芙罗狄忒、雅典娜、赫拉三位女神中选择一位有资格者获得刻有“致最亲爱的”字样的金苹果，帕里斯将苹果送给了阿芙罗狄忒。又据传说，阿芙罗狄忒曾帮助帕里斯拐走了已经嫁给希腊人的绝色女子海伦，由此引发了希腊人实施报复的特洛伊之战。当然，最重要的仍是雕像的艺术魅力。《米洛的阿芙罗狄忒》被认为是希腊最美的女性雕像，也可以说是人类最美的女性雕像。我们看到她首先保留了古典盛期的审美理想：舒展的额头，直挺的鼻梁，椭圆的脸形，秀丽的发髻，端庄的面容，矜持的表情，丰腴同时又健康优美的体态，她给我们第一印象就是：纯洁、典雅、宁静、庄重。再进一步观察，她符合古典盛期与晚期的身材标准，匀称、和谐：身高与头之比大致接近8∶1，这是由波利克里托斯奠定并由留西普斯改进的比值；此外，胸部与髋部宽度比5∶8、大腿与小腿长度比5∶8、上半身与下半身结构比5∶8——这在西方被视作最合理的比值，这一比值具有稳定性与和谐性，故也被认为是“神授比例”，以后又被称作“黄金分割”。更进一步分析，雕像还具有古典晚期普拉克西特列斯的典型姿态：阿芙罗狄忒上半身裸露，下半身着衣，右手拎着裙裾以防滑落；她妩媚动人，亭亭玉立，身子微微扭转，无论从正面还是侧面看都呈现出S形曲线，躯体如同螺旋上升，富有音乐的节奏和韵律；当然也有学者指出，阿芙罗狄忒拎着裙裾会引起联想，具有挑逗和情色意味。真是好事之徒。不过，学者普遍认为，半裸胜过全裸，其中的巨大魅力无法言喻；再有，失去的双臂也毫无不妥，曾有人试图配上“假肢”，但最终发现都是画蛇添足，残缺之美似乎更符合“神意”。据说当年乔丹面对这尊雕像曾发出“神奇中的神奇”的感叹，并称其为“古代的神品”。总之，这具阿芙罗狄忒雕像既是之前雕塑艺术的巅峰，也是后世雕塑艺术的典范，她就如丰碑一般：崇高、不朽和永恒！雕像现藏于法国巴黎卢浮宫，并成为镇馆之宝，我曾数次站立于这尊美神之前，屏息感受她那令人难以抵拒的征服感。

《拉奥孔》 在希腊神话中，拉奥孔是特洛伊祭司，因与妻子在神殿交媾而犯有渎神之罪，他警告特洛伊人不要将希腊人的木马带入城内，为此受到雅典娜的惩罚。罗马时期作家老普林尼在其《自然史》中盛赞过《拉奥孔》，称“在所有的绘画和雕塑中，它是最值得赞美的”。1506年这件雕塑被发现，《加德纳艺术通史》还言之凿凿地说米开朗琪罗当时也在场，一年之后它归尤利乌斯二世所有，成为教皇的私人藏品并被置于梵蒂冈观景楼庭院之中。根据普林尼记述，《拉奥孔》出自三位罗得岛雕塑家之手，据说为父子三人，他们是阿格桑德罗斯（Hagesandros）、波里多罗斯（Polydorus）、阿泰诺多罗斯（Athenodorus）。雕塑表现了拉奥孔和他的两个儿子被雅典娜所遣巨蟒缠绕，痛苦的表情、变形的肌肉、夸张的动作，还有惊悚的场面，都充满后来巴洛克时期艺术所具有的戏剧性。雕像创作于罗得岛，据普林尼记述，罗马人已将其搬至提图斯宫中。又据普林尼记述，这件作品由一整块大理石雕凿而成，但后来被证明不是。《拉奥孔》的“身世”始终如一团迷雾。18世纪德国艺术史家温克尔曼出于对希腊古典时期艺术的景仰，认为这件雕像的年代应为公元前4世纪；不过后来更多学者认为这件杰作的风格与帕加马祭坛浮雕上阿尔库俄纽斯形象十分相近，故应属于希腊化时期，也即推迟到公元前3世纪或前2世纪；但又有铭文将上述三位雕塑家与公元前1世纪的几位雕塑家放在一起，《加德纳艺术通史》倾向于1世纪初，贡布里希的《艺术发展史》认为是在公元前25年，而《人体雕塑》一书干脆将创作年代定在公元50年。有鉴于此，我这里将这件作品定在公元前1世纪。雕像为大理石材质，高184厘米，藏于梵蒂冈博物馆。这里顺便也附上黑格尔与贡布里希的两段评论。黑格尔说：“研究这个雕像群，最重要的事实在于尽管它表现出极端痛苦、高度的真实、身体的抽搐、全身筋肉的跳动，它却仍保持美的高贵品质，而丝毫没有流于现丑相、关节脱臼和扭曲。”“作品无疑属于一个较晚时期，当时雕刻家已不满足于单纯的美和生动，设法显示关于人体结构和筋肉组织的科学知识，而且着意雕凿之美，来博得观众的喜爱。人们从淳朴自然的伟大的艺术到弄姿作态的艺术的转变过程中已迈进了一步。”（《美学》，第三卷上册，第187页）而贡布里希则认为：“用躯干和手臂的肌肉，来表达出绝望挣扎中的努力与痛苦，祭司脸上痛苦的表情，两个男孩子枉然的扭动，以及把整个骚乱和动作凝结成一个永恒的群像的手法，从一开始就激起一片赞扬之声。但我有时不免怀疑这是一种投其所好的艺术，用来迎合那些喜欢恐怖格斗场面的公众。为此责备艺术家大概是错误的。”事实可能是，到了希腊化时期，“艺术家变得单纯为技术而技术了，怎样去表现那样一个戏剧性的争斗，表现它的一切活动、表情和紧张，这种工作恰恰就是对一个艺术家的气概的考验。至于拉奥孔的厄运一事的是非曲直，艺术家可能根本未曾考虑过”（《艺术发展史》，第60页）。哲学家与艺术史家的一些精辟看法总会给我们带来启发。

◦10◦

公元前2世纪—约1400年

罗马以及中世纪雕塑

背 景

本讲内容关于罗马与中世纪雕塑。

虽然罗马文明可以追溯到伊特鲁里亚人，罗马雕塑最早大约也可以追溯到公元前5世纪《卡匹托尔山的母狼》这一类作品，但总体而言，罗马雕塑是受到希腊雕塑深刻影响而发展起来的，例如约公元前350年—前300年的拉尔特·泰特尼斯与坦奇韦尔·塔尔奈石棺棺盖浮雕（现收藏于美国波士顿美术馆）、公元前1世纪初出土于伊特鲁里亚中部的《演说家》（现收藏于意大利佛罗伦萨国家考古博物馆），都有着十分明显的希腊雕塑痕迹。特别是伴随着公元前2世纪罗马对希腊的征服，大量希腊雕塑作为战利品被运回罗马国内，由此引起了罗马人对希腊艺术的狂热迷恋，并掀起了模仿希腊艺术的狂热浪潮，而大多数罗马人也将此视为罗马文明进步的肇端。但罗马雕塑毕竟与希腊雕塑有所不同。罗马人是现实的，表现在雕塑上，就是他们首先喜欢为真实人物塑像，特别是半身胸像，用于表彰那些功勋卓著的政治与军事领袖；其次他们也更喜欢纪念碑性质的雕塑，这主要表现为那些用于记录重大事件的纪念性浮雕。不过，也因此，希腊雕塑准确、匀称、和谐的比例关系这一真谛或精髓并没有被罗马人所继承；本质上说，这是学者的事情，但罗马人是一群优秀的工匠，他们对学者的兴趣有所不知。于是，到了罗马后期，随着希腊记忆的远去，罗马雕塑已不知比例为何物，这自然也顺延到了中世纪。

中世纪的雕塑大致有以下这样一些特点。第一，在漫长的中世纪，雕塑基本是依附于建筑的，这不仅因为建筑是神的居所，也因为人对于神的依附关系，由此中世纪的雕塑主要也是以浮雕的形式体现出来。第二，在中世纪，人的肉体被看作是堕落的，只有通过约束才能得到拯救；说得更形象些，你看拯救世人的耶稣基督就是一副形容枯槁的模样，谁还能再去展现肉体的美妙；于是中世纪的许多雕像都是面无表情，身体僵直，千篇一律。第三，由于远离希腊雕塑观念，仅凭民间手艺创作，因此许多雕像不可能具备正确的比例关系，换言之，这一时期的许多雕塑与世界各地民间雕塑无异。第四，中世纪前期雕塑与后期雕塑也多少有所区别。中世纪前期的雕塑在很大程度上继承了罗马后期的风格或传统，人物及动物形象多似玩偶，民间艺术特征明显；到后期主要是哥特式建筑这里，圆雕形式重新出现了，人物比例也更趋合理，雕塑得到了更多重视，据统计，仅兰斯教堂内人物雕像就有2300个；不过，与罗曼式建筑上的浮雕相比，这时的雕塑普遍显得更加拘谨，或肃穆而立，或正襟危坐。但是，学者们普遍指出，12世纪之后已经出现了可喜的现象，一些不朽雕塑开始问世，它标志着伴随着5世纪罗马帝国灭亡而导致的西方雕塑低迷状态即将宣告结束。

欣赏作品

10-1　罗马时期的人物雕塑

《恺撒像》，约公元前 30 年—前 20 年（图 140）

《奥古斯都像》，公元 20 年（图 141）

10-2　罗马时期的浮雕

《和平祭坛浮雕》，公元前 13 年—前 9 年（图 142、143）

《博尔盖塞家族的跳舞者》，2 世纪（图 144）

《安东尼·庇护及其妻子老福斯蒂娜纪念柱柱础浮雕》，约 161 年（图 145）

10-3　中世纪罗曼式建筑上的浮雕

《圣玛德琳大教堂前廊中央大门门楣浮雕》，1120 年—1132 年（图 146）

10-4　中世纪哥特式建筑上的圆雕及其他雕像

《夏特尔主教堂西立面王者之门国王与王后雕像》，1145 年—1155 年（图 147）

《夏特尔主教堂南部袖廊大门侧壁圣徒雕像》，1215 年—1230 年（图 148）

《兰斯主教堂西大门中央门廊：圣母领报与圣母往见》，约 1230 年—1260 年（图 149）

《瑙姆堡主教堂正殿内壁的乌塔夫妇雕像》，1250 年—1260 年（图 150）

作品简介

罗马时期的人物雕塑 与希腊雕像主要表现神话故事不同，罗马雕像更多是用来表现真实事件和人物，因此人物雕像十分重要，其指向明确，即用于表彰和纪念在位或离世的统治者。按《加德纳艺术通史》的说法，在帝国辽阔的版图上，从英国到叙利亚——在城市广场、巴西利卡、浴场、市场、神庙、凯旋门，到处都充斥着皇帝、皇后及皇室成员的雕像。

《恺撒像》 雕像约制作于公元前30年—前20年，体现了共和时期注重真实的传统，从雕像中我们可以感受到，恺撒性格自信、沉稳、坚毅、果断，充满智慧和力量。雕像为大理石，藏于梵蒂冈博物馆。罗马人很热衷头像或胸像，类似的头像还有不少，以下列举部分:《布鲁图像》(意大利罗马卡庇托利诺博物馆)、《庞培像》(丹麦哥本哈根新嘉士伯艺术博物馆）、《贵族男子像》（意大利罗马托罗尼亚博物馆）、《韦斯巴芗像》（丹麦哥本哈根新嘉士伯艺术博物馆）、《哈德良像》（意大利罗马国家博物馆、以色列耶路撒冷以色列博物馆)、《卡拉卡拉像》(美国纽约大都会艺术博物馆)、《图拉真·德西乌斯像》（意大利罗马卡庇托利诺博物馆）、《君士坦丁像》（意大利罗马卡庇托利诺博物馆），这些雕像或真实，或美化。与男子头像多现实主义相比，女子头像则体现出理想和唯美的特征，这大概就是女子形象与男子形象应有的区别吧。例如《弗莱维厄斯王朝女子像》，收藏于意大利罗马卡庇托利诺博物馆，雕像轮廓柔和，面容精致，气质优雅，打扮入时；特别是那一头美丽的卷发，本身就是艺术品，或许雕塑家的目的就是要向我们展示他高超的雕刻水平，也就是“炫技”。罗马时期的女子塑像还有《利维亚像》（丹麦哥本哈根新嘉士伯艺术博物馆）、《年轻的福斯蒂娜像》（意大利罗马卡庇托利诺博物馆）。

《奥古斯都像》 这是一尊人物立像。公元前44年，尤利乌斯·恺撒遇刺，公元前27年，元老院宣布恺撒养子屋大维为“奥古斯都”，即神圣的或至尊的，他活到了公元14年。奥古斯都的雕像众多，一个基本特征就是永远年轻，无一例外，其实历代帝王大抵都是这个德行，他要流芳百世，连同他的英容，岂可以垂暮形象示人。这座雕像被认为制作于公元20年，其时奥古斯都已离世6年，却仍是一副“永葆青春”的模样。雕像有希腊风，奥古斯都身披甲胄，十分魁梧，神情坚定而从容，他左手执杖，右手前指，这象征着权力与英明；在奥古斯都右脚边有一个骑于海豚背上的丘比特（即厄洛斯），他是维纳斯之子，这暗示奥古斯都宣称自己家族是爱神的后裔。由于奥古斯都身体姿态十分类似波利克里托斯的《持矛者》，所以学者普遍认为两者之间存在着刻意模仿。但罗马人显然没有遵循希腊人的人体比例规则，奥古斯都的腿部偏短，或者这正是主人公的真实身材。雕像为大理石，高约200厘米，藏于梵蒂冈博物馆。这样的雕像还有一些存留下来，如《摆出主神姿势的皇帝克劳狄》（梵蒂冈博物馆）、《马可·奥勒利乌斯骑马像》（意大利罗马卡庇托利诺博物馆），按照希腊理想，两件雕像人物与马匹的比例同样都存在问题。

罗马时期的浮雕 浮雕是罗马雕塑的另一个重要类型，其特点同样指向纪念性，即用于记录帝国的重大事件，建筑部分已经提到凯旋门上普遍有浮雕，这里再另外介绍两件。

《和平祭坛浮雕》 《和平祭坛浮雕》全称《奥古斯都和平祭坛浮雕》，为公元前9年奥古斯都献给妻子利维亚的生日礼物，表达了对利维亚一生的赞美。四周浮雕高约160厘米，似模仿帕加马宙斯祭坛。我们这里欣赏两件，前面一幅是大地女神忒勒斯，怀抱的婴儿与脚边的牛羊都意味着丰产和富饶；后面一幅展现了皇室队列，一眼望去就能感到与帕特农神庙“泛雅典娜节”浮雕十分相似。总体而言，这一浮雕具有明显的希腊古典风格。

《博尔盖塞家族的跳舞者》 类似上述风格的浮雕还有创作于2世纪的一件舞蹈浮雕，大理石材质，73厘米 ×185厘米，上有一群女子舞蹈，秀美而灵动。由于发现于博尔盖塞家族的庄园，因此也被称作《博尔盖塞家族的跳舞者》。很遗憾，我尚未见过此作品，有两说，一说藏于意大利罗马博尔盖塞美术馆，一说藏于法国巴黎卢浮宫，我想前者应是原作，后者则是复制品。

《安东尼·庇护及其妻子老福斯蒂娜纪念柱柱础浮雕》 这一纪念柱及浮雕完成于161年。柱础一面题铭，三面浮雕。其中与题铭内容相关的浮雕表现了安东尼·庇护及其妻子老福斯蒂娜升天的景象，就是图中这件：左下角握方尖碑的是战神坎普斯·马蒂乌斯，右下角化名“罗马”的人物倚盾而坐，天使展开巨大双翼，载着安东尼·庇护及其妻子老福斯蒂娜飞向天国，这件浮雕的风格也是古典式的。不过，另两面浮雕的风格却是非古典的，人物矮小，气氛喧闹，毫无希腊的肃穆感，与《和平祭坛浮雕》相比显然已经罗马化了，这恰恰也是后来中世纪早期浮雕的普遍特征，可知于此已经奠型。

中世纪罗曼式建筑上的浮雕 浮雕是罗曼式建筑的一个不可忽略的“附属品”。克吕尼派的雕塑工场对此做出了极大的贡献，法国勃艮第的雕塑也有着举足轻重的地位。这一时期的雕塑处于这样一个阶段，与以前希腊罗马雕塑相比，它已经完全失去了比例、和谐的约束，原有传统根本不见了；与中世纪后期哥特式雕塑相比，这一时期的雕塑虽身材不匀，比例不调，却也生动有趣。例如圣塞尔南教堂回廊浮雕《基督圣像》，圣像右手赐福，左手持书，书上刻写着“赐你和平”（Pax vobis），周围弥漫着一圈光轮，中国人更愿称之为祥云，四角则是《四福音书》作者的象征。

《圣玛德琳大教堂前廊中央大门门楣浮雕》 圣玛德琳教堂（Magdalen）位于法国勃艮第地区韦兹莱（Vezelay）。这幅浮雕所刻画的是基督升天与使徒受命的故事，源自《新约·使徒行传》。我们看到基督双手放射出的光芒照耀着众使徒，使徒们则手捧《福音书》并领受神圣使命去世界各地传教。类似的大门门楣浮雕在当时还有不少，例如法国欧坦（Autun）的圣拉撒路（Lazarus）大教堂等。

中世纪哥特式建筑上的圆雕及其他雕像 进入中世纪后期即哥特时期，雕塑形式渐渐变得丰富起来，有浮雕，也有圆雕，这意味着雕塑开始走出对建筑的依附，古代希腊与罗马的传统重又浮现出来。另一方面，这时的雕塑也经历了从僵直到复苏的过程。12 世纪末夏特尔主教堂西立面的雕塑是没有生命的，到 13 世纪上半叶，人体开始慢慢苏醒了，这包括夏特尔主教堂南北袖廊即耳堂大门侧壁雕像和兰斯主教堂西大门的雕像，到 13 世纪中叶即瑙姆堡主教堂内的乌塔夫妇雕像这里，我们其实已经看到了一抹走出中世纪的曙色。

《夏特尔主教堂西立面王者之门国王与王后雕像》 在第一单元第五讲即“中世纪后期：哥特式建筑”中已经讲过，1194 年夏特尔主教堂发生火灾，巨大建筑付之一炬，不过主教堂西立面得以幸免。在这里，三座大门的雕像构成连续系列，表现《圣经》中的国王、王后以及先知，这是现存最完整的早期哥特雕塑群，我们也可以由此见识早期哥特雕塑的典型风格：人物宁静、虔诚、肃穆，但个个表情单一，目光呆滞，且都直挺挺地站立着，身体僵硬，形同木桩，连衣物的褶皱也是概念化的。你不禁会问，这是肉体吗？脸无血色，体无生机！或者是被"冻僵了"？是的，这正是中世纪教会或教条的需要，人性必须服从神性，肉体必须符合理智，任何一点可能引起欲望的冲动都必须被加以拘束和克制。

《夏特尔主教堂南部袖廊大门侧壁圣徒雕像》 同为夏特尔主教堂，南北袖廊即耳堂大门侧壁雕像风格就有所不同，这些雕像时间稍晚些，约1215年—1230年，当代表盛期哥特的风格。此时的人物形态和神态已稍显生动，例如南部袖廊有一组圣徒雕像，从左至右分别是圣马丁、圣哲罗姆、圣格列高利；马丁个子很高，面容消瘦但目光热切；哲罗姆手中拿着翻开的《圣经》，这是一位和善的学者；格列高利肩上站着圣鸽，他仿佛正在聆听圣鸽说话。通过这些雕像我们依稀看到了圣徒们的性格。此外南耳堂大门侧壁还有一尊圣西奥多雕像，就是图中最左边这位，他年轻英俊，手执长矛和盾牌，俨然一位理想化的基督教勇士，特别是他的站姿还有些许难以察觉的曲线，由此也成为自罗马以来最富生命气息的雕像。

《兰斯主教堂西大门中央门廊：圣母领报与圣母往见》 《圣母领报》与《圣母往见》在兰斯主教堂西立面中央门廊右手边。在这里，我们看到了更多的生动性，表情丰富了，姿势多样了，衣袍褶皱也逼真了。特别是报喜的天使，她望着圣母，脸上洋溢着幸福和仁慈的笑容，我们从这笑容中亦能感受到一丝文艺复兴的气息。这就好像冻僵的躯体由于得到温暖一点点复苏了过来，从僵直渐渐恢复到自然。说到圣母，还有两件稍晚的圣母塑像值得一提，即《圣丹尼修道院圣母像》和《巴黎圣母院圣母像》，时间都是在14世纪早中期。这两件雕像中的圣母都怀抱圣婴，身体姿势呈S形，仿佛在作摇篮摆动状，又有舞蹈感，带着一种泰然自若的优雅。前者现保存于法国巴黎卢浮宫。

《瑙姆堡主教堂正殿内壁的乌塔夫妇雕像》 瑙姆堡主教堂正殿内壁列有12位施主塑像，8男4女，其中以艾克哈德与乌塔夫妇这组雕像最为精彩，我们看到人物形象不似大多数中世纪雕像那般冰冷、僵硬，而是充满生命气息；特别是乌塔，容貌秀丽，优雅、庄重，神情有些许漠然；她托住长袍的左手手指纤细、娇嫩。有艺术史家认为由于塑像的准确，很有可能已经使用了人体模特。也正因为乌塔形象的成功，这组雕像通常被称为乌塔夫妇雕像。无论怎样，这一雕像堪称中世纪德国及欧洲雕塑的杰作。我个人觉得它比巴黎圣母院圣母像和圣丹尼修道院圣母像更精彩，不仅生动，而且可信，具有特定的阶层感，或者就是对当时真实的市民社会的反映，在一定意义上说，它已经“走出了”中世纪。

第3单元

从文艺复兴到古典余波的建筑

约1500年—20世纪初

本单元标题为：从文艺复兴到古典余波的建筑（约 1500 年—20 世纪初）。下设的内容包括：11. 东方的建筑风格及其影响；12. 文艺复兴时期建筑——大家辈出的时代：布鲁内莱斯基、阿尔伯蒂、布拉曼特、米开朗琪罗、帕拉蒂奥及佛罗伦萨主教堂、圣彼得大教堂等辉煌建筑；13. 巴洛克与洛可可风格建筑——属于贝尼尼、波洛米尼、芒萨尔的时代：从耶稣会教堂到凡尔赛宫；14. 新古典主义建筑——起始于法国巴黎卢浮宫东立面，并广泛波及英、德、美、俄；15. 古典余波——在混合或混乱中终止。

一部西方建筑史实际持续受到东方的影响，但遗憾的是这一点在不少西方建筑史著述中得不到正确的反映。例如西班牙的伊斯兰风格建筑几乎不会被视为西方建筑的一个部分，还有意大利文艺复兴早期许多建筑中受东方影响的意义也普遍被轻视，我将专门论述这一点。

文艺复兴，欧洲再次开天辟地，这也是西方建筑史上第三个高峰。13—16 世纪，新风格的建筑如雨后春笋般在意大利大地上涌现出来，这些建筑优雅、别致，难怪意大利人将北方唤作哥特。佛罗伦萨是文艺复兴重镇，这里成长起布鲁内莱斯基、阿尔伯蒂、米开朗琪罗等一大批在建筑史上声名卓著的建筑大师，留下了佛罗伦萨主教堂、圣洛伦佐教堂、帕奇家族小礼拜堂、洛伦佐图书馆等一大批典范性作品；之后，布拉曼特、米开朗琪罗的英名与罗马圣彼得大教堂这座丰碑建筑联系在一起；最后，文艺复兴在帕拉蒂奥这里完美谢幕。

如果说，佛罗伦萨是文艺复兴时期意大利的精神领袖，那么到了巴洛克时期，罗马又再次成为整个欧洲的文化中心；接着法国跟上了步伐；巴洛克风格更进一步席卷整个欧洲大地。这是属于贝尼尼、波洛米尼、芒萨尔的时代。最终，怪诞惊人的巴洛克又演变为甜美腻人的洛可可。从16世纪到18世纪，整个西方都沉浸在巴洛克与洛可可艺术激动人心的喜悦之中。

17世纪末，法国首先从巴洛克风格迷狂的情感中恢复理性和理智，卢浮宫东立面重现了希腊的古典气质，宁静、和谐、庄重、得体。之后一两个世纪，古典主义品味被广泛接受，成为高雅甚至有教养的象征，在英国、德国、俄国四处开花；它甚至影响到大洋彼岸的美国并结出最后一批果实，林肯纪念堂可以视作西方古典建筑的收官之作。

19世纪上半叶，西方古典建筑已走到尽头，它已不再有坚定的意志和明确的方向，于是混合或混乱成了这一时期的特点。不过这一时期，伴随着西方文明的扩张和胜利，西方建筑也出现在世界各地，在中国上海，就留下了一批这样的建筑瑰宝。

◦11◦

约 8 世纪—14 世纪

东方的建筑风格及其影响

背 景

在一部西方建筑史中，东方曾持续地产生过深刻影响，包括古代埃及、巴比伦、波斯以及后来的拜占庭等，我们在第一单元中已经有过考察。这里想就 8 世纪以后伊斯兰或阿拉伯文化对西方的影响再做一番巡礼，它主要体现在两个方面：其一是西班牙的阿拉伯风格建筑；其二是意大利建筑中的东方元素。需要指出的是，在有些西方建筑史著作中，东方建筑风格及其影响似乎很难有“容身”之地，或者说很难被“安置”，它要么是支离破碎的，要么被视而不见。就前一个内容而言，一个典型的例子就是《加德纳艺术通史》，在最应出现阿拉伯建筑风格的第 10 章“罗马陷落之后的欧洲”中，竟然对位于西班牙的伟大伊斯兰建筑只字不提。毫无疑问，这实际已经直接影响到此书视野的客观性与立场的公正性，它很难让你相信这是一部冠以“艺术通史”之名的完备著述。在这方面，《詹森艺术史》与乔纳森·格兰西《建筑的故事》的处理就明显好许多。前者在第二部分“中世纪”下专门辟有第9章“伊斯兰艺术”，与第8章“早期基督教与拜占庭艺术”、第10章“早期中世纪艺术”、第11章“罗马式艺术”、第12章“哥特式艺术”相并列；后者在“从黑暗到光明”一章中明确设了“伊斯兰”一小节，与“拜占庭建筑”“修道院”“罗马风”等相并列。就后一个内容而言，就是由于难以找到确定性或统一感，因此使得“逻辑”变得异常“混乱”。例如在《西方古代建筑史》一书中，建于1060年—1150年的佛罗伦萨圣乔瓦尼洗礼堂、建于1279年—1357年的佛罗伦萨圣母堂，都是作为文艺复兴早期建筑的范例。但《加德纳艺术通史》将前者归在第11章“朝圣的时代：罗马式艺术”中，认为它“是佛罗伦萨的一颗明珠，代表了这个地区罗马式建筑的最高成就”。《世界建筑图鉴》则认为后者“是13世纪中期和后期意大利哥特建筑最成功和最具典型性的教堂建筑”。你看，同样的建筑，或者罗马式，或者哥特式，或者文艺复兴，何其混乱！至于威尼斯总督府，大多数艺术史著作都只强调其哥特风格，仅《建筑的故事》《詹森艺术史》及《世界建筑图鉴》指出了它的东方性。我真想对那些西方学者大声说一句：意大利长期处于东西方的交汇点上，如同古代希腊，东方文化在这里的影响或者说痕迹，你们不会看不到吧！无视其中的东方元素，实在不应该吧！

欣赏作品

11-1　西班牙的阿拉伯风格建筑

科尔多瓦清真寺，始建于785年（内景，图151）

萨拉戈萨阿尔贾菲瑞亚宫，11世纪（内景，图152）

格拉纳达阿尔罕布拉宫清漪院，1238年—1360年（内景，图153）

格拉纳达阿尔罕布拉宫狮子院，1238 年—1360 年（内景，图 154）

11-2　意大利建筑中的东方风格

佛罗伦萨圣乔瓦尼洗礼堂，约 1060 年—1150 年（图 155）

佛罗伦萨圣明尼亚托教堂正立面，约 1062 年—1150 年（图 156）

佛罗伦萨圣十字大教堂，始建于 1295 年（内景，图 157）

威尼斯总督府，1309 年—1424 年（图 158）

作品简介

西班牙的阿拉伯风格建筑　711 年，穆斯林和摩尔人跨过直布罗陀海峡进入伊比利亚，一度控制半岛大部，直到 1492 年方才结束他们在西班牙的历史。近 800 年间，他们创造了辉煌的文化，至今仍“唇齿留香”。说来令人诧异，在不少冠以艺术史或建筑史的著作中，西班牙的伊斯兰风格建筑没有一席之地。前面举了《加德纳艺术通史》的例子，其实贡布里希的《艺术发展史》和尼古拉斯·佩夫斯纳的《欧洲建筑纲要》中也都没有专门论述，至多只有寥寥数语。难道伊斯兰或阿拉伯文化不是西班牙历史的一部分吗？莫非只是把它当入侵者看待！当然，要在现成的类型中给伊斯兰或阿拉伯风格建筑留出“位子”的确是困难的，但就没有其他方法了吗？或没有其他视角了吗？例如文化的交流，哪怕是冲突。为什么《詹森艺术史》和《建筑的故事》就能得体地处理这件事情呢？在我看来，说到底，是一个对不同文化的评价问题，或对他者的尊重问题。只要怀有尊重之心，哪怕边缘的东西也会显露重要性；没有尊重心，即便再重要的东西也会被无情抹杀。

科尔多瓦清真寺　这是西班牙境内第一个重要的伊斯兰建筑，丁倭玛亚王朝（Umayyad）建造；引人入胜之处就是祈祷大厅，立面拱廊成群矗立，共18排，每排36根柱子。拱廊为双层，下层呈马蹄形，由楔形石条与红砖交错而成，远看也似展开的折扇；人置身在层层叠叠的拱廊之间，又如同徜徉于森林，移步换景，眼花缭乱，影像迷离。科尔多瓦历史中心1984年—1994年被列为世界文化遗产。

萨拉戈萨阿尔贾菲瑞亚宫 宫殿建造于11世纪，包含水池、回廊和礼拜堂，这样一种布局让我自然联想到法国浪漫主义时期学院派画家如热罗姆等人的绘画作品：伊斯兰建筑背景中的水池和沐浴女子。宫殿内部的拱券装饰尤为出色，呈花瓣或叶状，这一风格在科尔多瓦清真寺已经应用，但在阿尔贾菲瑞亚宫这里显得更加优美和雅致。

格拉纳达阿尔罕布拉宫 10世纪，西班牙的穆斯林分裂成众多小国家，于是基督教得以逐步反攻，各个击破；至13世纪，伊斯兰势力已经龟缩于伊比利亚南部的格兰纳达一隅。由于失败的穆斯林纷纷逃难前来，一时人才荟萃，文化闪耀。陈志华的《外国古建筑二十讲》中这样评价当时格兰纳达的建筑："在灭亡之前，它的建筑变得纤弱忧郁但不失优雅，保持着精致的工艺水平而在艺术上更加敏感，更多情思。"这真是将格兰纳达时期文化与建筑的神韵活脱脱地描写了出来，这么说吧，你不妨在林黛玉这个小说形象中找找感觉。阿尔罕布拉宫为西班牙最后一个穆斯林王朝——纳斯雷蒂王朝（Nasrids）所建；坐落于海拔730米的山丘上，地势险要；一幢幢亭台楼阁掩映其间，四周绿荫环抱；这里既是王宫，又是要塞；由于建筑呈红色，因此又称"红堡"；远处，是终年积雪的内华达山，这与中国人造园借景的理念十分相同；建筑群与环境相互交融，相得益彰。进入宫殿内部，会发现有众多院落，其中尤以两个庭院最负盛名，即东西向的狮子院（Court of Lions）和南北向的桁榴院（Court of Myrtles），这是《建筑的故事》所给的名称，陈志华的《外国古建筑二十讲》中将桁榴院称作清漪院，我觉得更好。阿尔罕布拉宫1984年被列入世界文化遗产。

清漪院　宽23米，长36米，中央有一水池纵贯全院；北面是正殿，长、宽、高均为18米，用于接见外交使节，故称觐见厅；清漪院之好，就是那标志性的一泓清水，在明媚的地中海暖阳下，它与后面建筑物光影交错，相互辉映，景色绝美，令人倾倒。

狮子院　宽16米，长28米，由四周拱廊和房屋围合而成；庭院中央，是由12只狮子驮着的喷泉，庭院名称即由此而来；四道水渠流向四个方向，象征四条天堂之河；另北侧的姐妹厅和南侧的阿本莎拉赫厅中央也各有泉眼，潺潺流水不仅解暑，且平添意趣。

贡布里希的《艺术发展史》虽然没有专门论述西班牙的伊斯兰建筑，但还是给予阿尔罕布拉宫高度的评价，“我们走过阿尔罕布拉宫的庭院和大厅，欣赏那些千变万化的装饰图案，感受之深令人难以忘怀”。《建筑的故事》更是极尽赞美之词：“这是阿拉伯建筑师们创造绿洲的最佳表率，还可能是人造的景观与建筑、光线和阴影相结合的最完美实例。到21世纪之初，阿尔罕布拉的花园和庭院仍然让数以百万计的游客流连忘返。而且，它还指明了下一个世纪全球建筑的发展方向。”不过我还是觉得陈志华的《外国古建筑二十讲》这部分内容写得最好，文采动人，推荐作为重点阅读。

意大利建筑中的东方风格　这主要体现于托斯卡纳地区的建筑。诚如背景部分已指出的，关于这些建筑，艺术史多确定为哥特式或罗马式的非典型或变异形态，这样一种看法虽有一定道理，但就像前面讲比萨一样，我觉得它们同时也普遍具有亦此亦彼的风格特征，并且我在这里更愿意强调它们的“异域”特征。通过下面的考察我们会看到，在托斯卡纳地区11—14世纪的建筑上普遍有着迷人的东方情调。

前面讲比萨大教堂，我就引用了《欧洲建筑纲要》一书作者的看法：“异域情调迷人，比托斯卡纳风格教堂更东方化。”这意味着托斯卡纳地区的东方化特征是不容置疑的。与同期欧洲的罗曼式与哥特式相比，这种东方化的特质明显并不在于追求建筑体量的宏大和雄伟，恰恰相反，它似乎还呈现出一种娇小、秀丽和柔美；同时，这些建筑在装饰上也明显具有东方的韵味，这主要表现为外立面抽象的图案而非形象的造型，我们看到这一时期许多建筑大都有几何图形，日后，这样的几何图形也体现在佛罗伦萨主教堂建筑上面。

佛罗伦萨圣乔瓦尼洗礼堂　这是一座三层的八角形建筑，被认为是托斯卡纳地区罗马式建筑最杰出的代表，其中第二层的三联假拱廊也颇具古典意味。一说始建于5世纪，但实际建造时间当为1060年—1150年。值得注意的是，外立面有着明确的东方元素，大理石嵌板构成了显而易见的几何图形，颜色绿白相间，色调搭配和谐。需要说明的是洗礼堂东面著名的“天堂之门”建于1425年—1452年，属于文艺复兴时期的作品，遗憾的是，2003年我去佛罗伦萨时并没有意识到此门的意义，只能期待来日弥补。

佛罗伦萨圣明尼亚托教堂正立面　这是一座本笃会修道院，在这里可将佛罗伦萨全城尽收眼底。教堂建于1062年—1150年，比圣乔瓦尼洗礼堂晚两年开工，但同时建成。尤其值得一提的是，教堂正立面山墙风格非常明显，成为其标志性的特征：大门为罗马式，科林斯圆柱又具有古典趣味，并且同样为绿白相间的几何图案。

佛罗伦萨圣十字大教堂　《世界建筑图鉴》认为该建筑全面实现了哥特建筑风格，但《詹森艺术史》赋予了它更多的丰富性。建筑师可能是托斯卡纳雕刻家阿诺尔福·迪·坎比奥（Arnolfo di Cambio）。建筑具有欧洲北部哥特教堂的特点，同时也体现了鲜明的意大利风格，并且拱券和木质屋顶都是罗马式的，即保留有早期基督教公堂的式样；但如果将这一建筑外立面与同期奥尔维耶托主教堂比较，会看到前者的东方韵味十分明显。需要提醒的是，若你去圣十字大教堂建议务必入内参观，因为里面有但丁、米开朗琪罗、伽利略、罗西尼等诸多名人的墓葬，另依附于此教堂的帕奇家族小礼拜堂也在里面。

威尼斯总督府 伴随着城市的繁荣，非宗教性质的建筑开始涌现出来，如市政厅、行会厅、宫殿、学院等。总督府建造于1309年—1424年，此时正当威尼斯鼎盛时期，当时威尼斯不仅与拜占庭帝国联系密切，也与更遥远的印度和中国有着贸易和文化往来，马可·波罗即是威尼斯人。这一时代背景同样在建筑上反映出来，我们看到这座建筑尽显富贵和华丽气派，它高25米，色彩鲜艳，装饰华美，风格秀丽，外貌迷人。其中最精彩部分是南立面（临河）与西立面：底层柱子粗壮、结实，尖券简朴；二层柱子轻盈、灵动，顶部镂空；学者们一般据此认为该建筑具有后期哥特的繁复特征；第三层高度约为一、二层总和，一说是16世纪时所加；墙面呈现出强烈的装饰性，颜色基调是奶黄与玫红，并拼成席纹图案，如壁纸一般，这明显是受到东方伊斯兰或阿拉伯风格的影响。类似的还有建造于1420年—1440年的威尼斯黄金屋，由出身贵族的孔塔里尼设计建造，这座建筑风格与威尼斯总督府非常相像，但雕刻更加繁复，甚至立面还曾贴上金箔，建筑也由此而得名。顺便一说，《詹森艺术史》是将黄金屋放在15世纪意大利早期文艺复兴中叙述的，这自然也对，但我之所以将威尼斯总督府一类建筑放在此处，是强调它的文化交流，而非文艺复兴。

◦12◦

13 世纪—约 1600 年

文艺复兴时期建筑——大家辈出的时代：布鲁内莱斯基、阿尔伯蒂、布拉曼特、米开朗琪罗、帕拉蒂奥及佛罗伦萨主教堂、圣彼得大教堂等辉煌建筑

背 景

在漫长的中世纪，意大利始终是连接东西方的商贸中心。13 世纪，一些最富有的城市如佛罗伦萨、锡耶纳已经发展成共和国。当经济足够富庶，社会便对精神有所企求，印刷术的传播也助长和满足了这种需要。一些大家族逐步控制城市的财富以及权力，并且也成为艺术的赞助者。意大利文艺复兴就是在这样的背景下发生的。

通常所说的文艺复兴，是指 13 世纪特别是 1400 年—1600 年之间发生于意大利的一场古典学、文学、艺术及知识的文化复兴活动，包括内在于其中的人文主义观念。文艺复兴“Renaissance”（法文）和“Rinascita”（意大利文）的原意就是再生和复活，即复活古代罗马及希腊的传统。意大利人认为，北方冷峻的哥特风格并不适合这片温润

的土壤，唯有古代罗马遗产能够启迪和滋养艺术家们的灵感。贡布里希的《艺术发展史》一书涉及意大利文艺复兴的前后约有五整章，《詹森艺术史》一书归在文艺复兴名下的论述多达六章，其中意大利占四章，相比之下，希腊、罗马、罗马式、哥特式均只有一章，由此不难看出文艺复兴的重要。并且我认为《詹森艺术史》以下这段界说十分正确："无论是将文艺复兴界定为复兴古典形式的定义，还是其年代划分，对意大利之外的国家都不甚适用。"所以我们在这里也主要考察意大利，只是有限延伸到受其影响的某些地区。一般而言，13 世纪到 1500 年通常被视作文艺复兴早期，1500 年到 1600 年被视作文艺复兴盛期与晚期。若再细分，则 1500 年（或早至 1495 年）到 1525 年又属于盛期，这是艺术家兼艺术史家乔治·瓦萨里提出的，它成为文艺复兴分期的圭臬。其实这在很大程度上是以绘画作为参照的，因为佛罗伦萨画派与威尼斯画派的绝大多数作品都诞生于这一时期，但在建筑中或许稍有区别。

毫无疑问，佛罗伦萨是文艺复兴的发祥地，也是意大利文艺复兴的重镇，尽管还有其他一些地方各领风骚。佛罗伦萨位于阿诺河畔、托斯卡纳腹地，又临近意大利西海岸，自然条件优越，经年的累积使得这座城市积累了雄厚的财富。当时担任市政府要职的莱奥纳多·布鲁尼曾专门撰写过一篇《佛罗伦萨颂》，对这座城市及年轻共和国加以极力赞美。说到佛罗伦萨的早期文艺复兴，自然不能不提美第奇家族。美第奇家族靠银行业起家，从 15 世纪开始上升为佛罗伦萨第一号显族，它控制了佛罗伦萨，修建教堂，资助艺术家，收藏艺术品，对文艺复兴的展开起着重要作用。这其中又尤以三位人物最为重要，即乔瓦尼·德·美第奇（Giovanni de Medici）、科西莫·德·美第奇（Cosimo de Medici）及"豪华者"洛伦佐·德·美第奇（Lorenzo de Medici）。此外，这个家族还产生了三位教皇，两位法国王后。当然，故事永远不简单，在佛罗伦萨，帕奇家族是美第奇家族的死对头，曾试图刺杀洛伦佐未遂，结果引起美第奇家族的报复。可见在历史美好华丽的外表下，其实掩盖着怎样的惊心动魄！

文艺复兴盛期时罗马已重新崛起，这既是因为北部遭遇到了法国的入侵，也是由于教皇已由阿维尼翁迁回罗马，教廷力图重振昔日雄风和荣光，甚至超迈异教时代。罗马的重建从教皇西克斯特斯四世已经开始，西斯廷礼拜堂就是其在位时修建。教皇尤利乌斯二世（Julius Ⅱ，1503—1513年在位）更对文艺复兴盛期进程产生了重要影响，圣彼得大教堂、西斯廷礼拜堂天顶画等重大建造和装修工程都出自他的委托与赞助，由此主导了当时一大批艺术家投身其中，并留下了丰厚的艺术遗产。当然，作为副作用，它也引发了宗教改革运动。相当一段时间内，意大利成为欧洲列强逐鹿的战场，连罗马也一度被哈布斯堡王朝所攻陷。但好在它竟没有中断文艺复兴的进程，这真是奇迹！

如同绘画一样，文艺复兴时期的建筑领域也是群星闪耀，涌现出一大批卓越的建筑师，包括早期的布鲁内莱斯基、吉贝尔蒂、阿尔伯蒂、巴尔托洛梅奥、隆巴多；盛期与晚期的布拉曼特、米开朗琪罗、桑迦洛、罗马诺、桑索维诺、帕拉蒂奥、瓦萨里、波尔塔。文艺复兴的建筑与哥特建筑形成鲜明对比：哥特所凸现的是崇高、雄伟，而文艺复兴则更重视古典，包括古典的柱式与山墙、古典的比例关系以及一切体现和谐、对称的古典原则；并且，除佛罗伦萨大教堂、圣彼得大教堂等少数建筑外，相当多的文艺复兴建筑还表达或传递了一种秀美，这或者也是北方和南方，日耳曼人与拉丁人的区别。当然不止如此，哥特是唯神所居，但文艺复兴已经人神共处，这里不仅有虔诚的信仰，而且也怀揣着人世间的理想。此外还有一点不能不提，像古代希腊一样，文艺复兴时期的意大利也在东方汲取了足够的养料，只要看一下文艺复兴时期早期的建筑，我们就知道它是与东方的元素或影响相衔接的，这其中也包括源自东方的秀丽与梦幻，对此，我们在前一讲中已经有所接触。

这一时期在建筑理论上同样也有重要建树。首先，一项最重要的成果就是透视方法或原则的确立。一般认为，是布鲁内莱斯基认识并完善了这一理论系统：物体近大远小，最后消失于地平线的灭点。透视法的确立不仅深刻地影响到建筑，也深刻地影响到绘画，它实际规定了西方接下来数百年的视觉艺术面貌。此外重要的建筑学著作有莱昂·巴蒂斯塔·阿尔伯蒂出版于1485年的《论建筑》，该书仿照维特鲁威的《建筑十书》，主张建筑也应遵循决定乐律与数学的和谐比例原则，这本书对佛罗伦萨建筑艺术在意大利的广泛传播起到了积极作用；还有安德烈·帕拉蒂奥1570年出版的《建筑四书》，在意大利及欧洲都产生了巨大影响，成为17、18世纪法、英等国建筑的理论基石，具有教科书性质，故而也有人将他奉为现代建筑师的鼻祖。

文艺复兴，欧洲再次开天辟地。它如同闪电，划破黝黯的夜空；又如同阳光，穿透浓厚的云层。放眼望去，此时的西方，神依旧高坐云端，保持着尊严和荣耀；但人也已经开始登上历史舞台，刹那间便光芒万丈，接下来它将主导欧洲500年的历史与文化。

欣赏作品

12-1 文艺复兴早期教堂建筑

佛罗伦萨主教堂及钟楼，始建于1296年（外观、内景，图159、160）

佛罗伦萨圣洛伦佐教堂，1421年—1469年（内景，图161）

佛罗伦萨圣灵教堂，始建于1436年（内景，图162）

佛罗伦萨帕奇家族小礼拜堂，1430年—1461年（外观、内景，图163、164）

佛罗伦萨新圣母教堂正立面，1458年—1470年（图165）

曼图亚圣安德烈教堂，1470年（外观、内景，图166、167）

威尼斯圣玛丽亚神迹教堂，1480年—1489年（图168）

12-2 文艺复兴早期世俗建筑

佛罗伦萨市政厅，1298年—1322年（图169）

佛罗伦萨孤儿院，始建于1421年（图170）

美第奇府邸，1444年—1460年（外观、内景，图171、172）

鲁切莱府邸，1446年—1470年（图173）

12-3 文艺复兴盛期与晚期教堂建筑

坦比哀多小神殿，1502年—1510年（图174）

圣彼得大教堂，1506年—1626年（外观、内景、俯瞰，图175、176、177）

12-4 文艺复兴盛期与晚期公共建筑

佛罗伦萨洛伦佐图书馆，1523年—1571年（内景，图178）

罗马圣顶广场，1537年—1539年接受委托（图179）

威尼斯圣马可广场图书馆与造币厂，1537年（图180）

12-5 文艺复兴盛期与晚期私人建筑

罗马法尔尼斯府邸，1530年—1546年（图181）

维琴察圆厅别墅，1550年—1569年（图182）

12-6 风格主义

曼图亚德泰府邸，1525年—1535年（图183）

佛罗伦萨乌菲齐府邸，1560年—1581年（图184）

威尼斯庄严圣乔治马乔里教堂，始建于1565年（图185）

威尼斯救世主教堂，1576 年—1591 年（图 186）

12-7 意大利以外的文艺复兴时期建筑

法国卢瓦河谷香博堡，始建于 1519 年（外观、内景，图 187、188）

法国卢瓦河谷雪侬瑟堡，改建于 1518 年（图 189）

法国枫丹白露宫，1528 年扩建（图 190）

法国卢浮宫，1546 年计划建造（图 191）

西班牙埃斯科里亚尔宫，1563 年—1584 年（图 192）

作品简介

文艺复兴早期教堂建筑 如第一单元所说，在中世纪，意大利地区的教堂始终保持着自己的个性，而不与北方同流；又如上一讲所述，由于特殊的地理位置，意大利受东方文化的影响很大。文艺复兴时期，这样的传统与面貌得到进一步继承。就建筑而言，文艺复兴早期有两位重磅的大师级人物，即布鲁内莱斯基和阿尔伯蒂。尤其是布鲁内莱斯基，他成就卓著，被公认为文艺复兴时期第一位建筑师，由他所设计与建造的佛罗伦萨主教堂穹顶则被视作文艺复兴开始的象征。强调一点，在文艺复兴时期，佛罗伦萨有着最为重要或无可替代的地位，这也同样反映在建筑上。佛罗伦萨历史中心 1982 年整体列入世界文化遗产。

佛罗伦萨主教堂及钟楼 佛罗伦萨主教堂，也称圣母百花教堂，建于 1296 年，由阿诺尔福·迪·坎比奥（Arnolfo di Cambio）主持。我们从教堂外观的几何图案可以看出，这座建筑与前一讲所看到的几座教堂非常相似，也就是说它有着明显的东方元素，但对于这一点几乎所有建筑史著作都未加提及，在我看来这是非常诡异的，其中当有某种西方优越感在作祟。具有标志意义的附属钟楼是画家乔托·迪·邦多内（Giotto di Bondone）于1334年设计的，也叫乔托钟楼，它共5层，82米，如一个个方形盒子叠加而成。另一个标志物就是那巨大的穹顶，由菲利波·布鲁内莱斯基（Filippo Brunelleschi）设计，建造于1420年—1436年。事实上，直到1416年，布鲁内莱斯基的主要身份仍是一个雕塑家、画家和金匠。1417年，布鲁内莱斯基接受了设计穹顶的委约，为此他专程前往罗马，考察和研究古罗马穹顶的形制。1420年，布鲁内莱斯基正式领受这项极具挑战性的工程。最终穹顶高度是40.5米，跨度是42.2米。穹顶建造难度无法想象，由于跨度巨大，因此不能在内部利用木质辅助结构；同时由于否定了在外部像哥特教堂那样依靠扶壁加以支撑的方式，建筑推力成为重大问题。为此布鲁内莱斯基采用了哥特的尖拱而非罗马的半球形，以减少对基座的侧推力；又为减轻重量，穹顶设计成中空的双层壳体，内侧由24根肋拱组成骨架，外侧则简化为8根。关键问题解决之后，布鲁内莱斯基在穹顶下面安置了一个高达12米的鼓座，顶端罩上了一个亭子，这样，穹顶便高高耸起，它成为佛罗伦萨乃至托斯卡纳最美丽的天际线。对此瓦萨里歌颂道："当人间已经这么久没有一个能工巧匠和非凡天才之后，菲利波注定要给世界留下最伟大和最崇高的建筑，超迈古今，这是天意。"阿尔伯蒂甚至夸张地赞美说："整个托斯卡纳笼罩在它的阴影之下。"

佛罗伦萨圣洛伦佐教堂　这是美第奇家族所在教区的教堂，设计者也是布鲁内莱斯基。教堂平面并无新奇之处，外观也是其貌不扬；但内部沉静、优雅，不同于哥特，精致的平顶展现出一派罗马韵味和风情，古典传统由此得到充分体现，这也是作为罗马后裔的意大利的资源与骄傲。看过这一建筑，我们便知道洛伦佐·吉贝尔蒂为何要将北方的教堂称为“哥特”，乔治·瓦萨里又为何用“哥特”来嘲讽北方文化的野蛮。事实上，这样一种既新又古的样式也将作为一种典范影响未来近500年的西方建筑风格。

佛罗伦萨圣灵教堂 由布鲁内莱斯基设计，与圣洛伦佐教堂有几分相似，外观平淡、素朴，内部规整、精美，整体平和、宁静。《加德纳艺术通史》将二者归于同一种风格：“布鲁内莱斯基在佛罗伦萨设计了两座巴西利卡教堂——圣洛伦佐教堂和圣灵教堂，它们反映了其清晰、古典，注重理性的建筑特征。”这种理性即体现为教堂设计严格遵循古典原则或比例关系。以圣灵教堂为例，中殿的高度是宽度的两倍，拱廊的高度等于中殿的宽度和顶楼的高度。值得一提的是，教堂收藏有许多文艺复兴时期的艺术作品。

佛罗伦萨帕奇家族小礼拜堂 同样由布鲁内莱斯基设计。帕奇家族是美第奇家族的死敌，该礼拜堂是帕奇家族捐献给佛罗伦萨圣十字教堂的，并用作教堂的会堂。建筑呈中心式布局，设计对称，构思精美，总体风格轻快、简练、宁静、优雅、和谐、规则，且罗马符号强烈；正立面引人注目，中间是简单的拱券，两侧共六根挺拔的科林斯廊柱，古典气息扑面而来，赵鑫珊在《建筑面前人人平等》一书中对此极尽赞美：“精致、典雅、婉丽”“疏朗有致，不肥不瘦”。但一说该立面与门廊并非出自布鲁内莱斯基。

佛罗伦萨新圣母教堂正立面 由莱昂·巴蒂斯塔·阿尔伯蒂（Leon Battista Alberti）设计。教堂建于13世纪，新设计的立面采用几何图形，包括三角形、方形、圆形，以期表明古典性。有的著作将其视作意大利后期哥特的典型代表，也有的著作却将其当作文艺复兴时期的优秀代表，还有的著作甚至说阿尔伯蒂是从“前哥特时期”的中世纪建筑——圣明尼亚托教堂正立面获得的灵感，这种巨大的反差或矛盾本身已经说明该建筑风格的复杂性，在我看来东方趣味也在这座建筑中得到延续。

曼图亚圣安德烈教堂 这也由阿尔伯蒂设计。教堂正门外立面既像神庙，又像凯旋门，恪守了布鲁内莱斯基的理念与原则；内部是巨大的筒形拱顶，明显受到古罗马巴西利卡样式的影响；中殿尽头的穹顶建造于18世纪，与阿尔伯蒂的设计风格略有差别。

威尼斯圣玛丽亚神迹教堂 也叫米拉克里圣玛丽亚教堂，因放置一幅圣母与圣子画像而建造。设计师是皮埃特罗·隆巴多（Pietro Lombardo）。大理石饰面，半筒形屋顶，有些滑稽的圆窗，显得有些“卡通”，有著作评论用“可爱”来形容，真是这样。威尼斯城1987年整体被列为世界文化遗产。

文艺复兴早期世俗建筑 当城市得到充分发展之后，市政厅便顺应产生，尽管这一机构的出现可能有着十分复杂的背景，但它作为公共利益的象征是不言而喻的。同时，随着财富的积累，新兴的家族（包括富商或贵族）也要求建造与其身份相符的私人住宅，于是私人府邸也应运而生。无论是公共建筑还是私人建筑，这一时期新出现的形式都为日后提供了重要的样板。

佛罗伦萨市政厅 也称韦基奥宫（Palazzo Vecchio）或旧宫，建于1298年—1322年，这是一座带有堞眼的堡垒式建筑，气势雄伟，顶层有高耸的钟楼，原由阿诺尔福·迪·坎比奥设计建造。1537年科西莫一世擢升为大公后，再次大兴土木，对内部加以整修，据说曾先后邀请达·芬奇、米开朗琪罗、班迪内利、瓦萨里等人参与装饰，其中就包括建造著名的“五百人大厅”。宫前有海神喷泉和米开朗琪罗《大卫》的复制品，前面的市政厅广场也称领主广场是市民活动中心，一边的兰奇长廊陈列有精美雕塑，再往里则是乌菲齐走廊。类似性质的建筑还有建于1288年—1309年的锡耶纳市政厅。

佛罗伦萨孤儿院 除教堂外，布鲁内莱斯基还接受委约设计了一座孤儿收容院。这座建筑最可看之处就是它的过廊，也称凉廊。布鲁内莱斯基将这里处理成连拱形式，包括圆柱、柱头、拱门以及檐部都凸现了古典风貌。但我觉得那细细的廊柱和连续的圆拱也包含东方的元素，也就是说布鲁内莱斯基的创作灵感并不仅仅来自古典，但西方建筑史著作同样普遍忽略了这一点，文化优越感真是会遮蔽视野，遮蔽真实！

美第奇府邸 据说这是佛罗伦萨第一座家族府邸，最初交由布鲁内莱斯基设计，但因过于华丽而被否定，在佛罗伦萨惊心动魄的政治斗争中，美第奇家族更需要一座内敛而非嚣张的住宅。现府邸设计者是年轻的米开罗佐·迪·巴尔托洛梅奥（Michelozzo di Bartolommeo）。三层结构的建筑用连续线清晰界定；底层外墙用石块垒砌，粗拙而厚重；二层立面做过抛光处理，与底层形成鲜明对比；三层顶部屋檐飞出，使建筑物显得既轻灵又大方；宅邸内部中心是一个由廊柱围合的开放式庭院，敞亮、精致、秀美，又尽置雕塑。毫无疑问，这座建筑是意大利早期文艺复兴的杰出代表作。日后，这种围合式建筑也成为一种标准的形制，影响佛罗伦萨与意大利，乃至整个欧洲。18世纪，这座府邸为里卡尔迪家族购得，因此又被叫作美第奇—里卡尔迪宫。

鲁切莱府邸 即富商鲁切莱的私宅，设计者是阿尔伯蒂，外立面与美第奇府邸有几分相似。建筑墙体平顺、柔滑，但也严谨、和谐，既表达了富有却又不事张扬；爱奥尼亚、科林斯及托斯卡纳柱式作为一种符号被嵌入墙体，不仅起着区隔作用，而且还明确传递了古典意味；连续且层叠的拱券形式类似于罗马角斗场，这一设计理念同样深刻影响了日后的欧洲建筑，直到19世纪依然兴盛不衰。

文艺复兴盛期与晚期教堂建筑 《建筑的故事》中认为“文艺复兴盛期开始于罗马”，我们所看到的教堂实例的确如此，最具代表性的就是坦比哀多小神殿和圣彼得大教堂。当然我们也可以这样认识，到了文艺复兴盛期与晚期，相同的精神活动已经不再局限于佛罗伦萨，而是向罗马和威尼斯等诸多地区延展。文艺复兴盛期最重要的建筑师是布拉曼特和米开朗琪罗，文艺复兴晚期最重要的建筑师则是帕拉蒂奥和瓦萨里。

坦比哀多小神殿 小神殿位于罗马蒙托里奥圣彼得教堂（San Pietro in Montorio）修道院一隅，这是人们所认为的圣彼得殉道之所，因此是一座用于纪念的特殊礼拜堂，设计师是多纳托·布拉曼特（Donato Bramante）。建筑采用集中式布局，一层由素朴的托斯卡纳多立克柱廊环绕，二层外侧是围栏，里面是鼓形墙体和穹顶。千万不要小看这个“迷你型”建筑，它的形式严谨、理性、平衡、和谐，堪称完美。正像有些著作所指出的那样：坦比哀多的影响是无法估量的，它不仅启发了米开朗琪罗的圣彼得大教堂穹顶，也启发了圣保罗大教堂的穹顶、美国华盛顿的穹顶以及约克郡霍华德城堡的霍克斯莫尔陵墓、巴黎万神殿，此外日后吉布斯在英国牛津也模仿这一样式建造了拉德克里夫图书馆（Radcliffe Library）。罗马历史中心 1980 年—1990 年整体被列为世界文化遗产。

圣彼得大教堂 这是天主教教廷的教堂，位于梵蒂冈，建造从 1506 年到 1626 年，历时 120 年，是一个庞然大物，据说即使把伦敦圣保罗大教堂放到里面，空间仍绰绰有余。老的圣彼得教堂建于君士坦丁时期，至 15 世纪已破败不堪。其时恰遇一位占有巨大财富并且野心勃勃的教皇——尤利乌斯二世，他决意要干一件惊天动地的大事：新建圣彼得教堂。贡布里希的《艺术发展史》中这样写道：他们“找到了一个强有力的赞助人情愿牺牲传统、无视利害，修建一座压倒世界七大奇迹的富丽堂皇的建筑物来博得美名，那真是个难得的时机”。这个“伟大”的任务被交给了布拉曼特，或许坦比哀多小神殿给尤利乌斯二世留下深刻印象，因此对人文主义建筑师充满信心。布拉曼特的设计果断舍弃了西方教堂建筑中巴西利卡即长方形传统，代之以中心式布局，正十字即希腊十字样式，正中央十字交叉处上方覆盖一个巨大的穹顶。我们完全有理由相信布拉曼特延续着布鲁内莱斯基的人文主义理想，而中心式布局或正十字样式就是这一理想的标志。这一勇于进取的方案得到尤利乌斯二世认可，《欧洲建筑纲要》说：“这是一项富有魅力的决定。一旦教皇为自己的教堂采用了这种世俗的象征，人文主义的精神随即就确实攻入到基督教抵抗运动最深处的堡垒。”（第148页）新教堂于1506年正式动工，此时布拉曼特已年过六旬，并于1514年去世。之后的新教皇并不认同布拉曼特的方案，其间，拉斐尔、贝鲁奇、桑迦洛等多位建筑师曾接手项目，但始终无果。直到1546年，教皇保罗三世将继续建造的任务委托给米开朗琪罗［全名米开朗琪罗·迪·卢多维科·博纳罗蒂·西蒙尼（Michelangelo di Lodovico Buonarroti Simoni），简称米开朗琪罗·博纳罗蒂］，彼时艺术家已届72岁高龄。米开朗琪罗十分推崇布拉曼特的建筑思想与原则，因此尽力保持原始设计方案，这正是米开朗琪罗的伟大之处，他以一己权威之力保全了布拉曼特的人文主义崇高理想。但米开朗琪罗也对局部做了改进和优化，这主要包括：采用巨柱，由此将穹顶衬托得更加宏伟壮观；减少十字交叉空间，由此使教堂整体结构更加紧凑；在教堂的主入口处增加门廊，并添加廊柱，以加重或丰富正立面的古典气息。当然最重要的莫过于直径达42米的穹顶。为使得穹顶增加垂直感，米开朗琪罗刻意提升了鼓座高度，最终使得顶部十字架尖端高达137.8米。穹顶有明显的雕塑化特征，这无疑是米开朗琪罗雕塑专长的延伸，不过，这些雕塑连同建筑物四周大大小小的神龛和奇形怪状的窗户也有明显的矫饰或风格主义倾向，这其实又预示着巴洛克风格的来临。《建筑的故事》中这样赞美道："这个穹顶标志着文艺复兴盛期的顶尖水平"，"不愧是一项接近巴洛克风格的雕塑杰作"，又"像一道过量的甜食，太大，太丰富，以至于难以消化"。毫无疑问，这可以视作米开朗琪罗的建筑代表作。或许也可以这样想象，由布鲁内莱斯基所设计的佛罗伦萨大教堂穹顶与由米开朗琪罗所设计的圣彼得大教堂穹顶相互辉映，照耀着文艺复兴，照耀着意大利，也照耀着整个西方。米开朗琪罗于1564年去世，建造工程先后由波尔塔和马得诺接手：1586年广场竖起方尖碑，1590年完成穹顶，1606年—1612年完成巴西利卡前厅。当我们走进教堂，满眼是各种大理石装饰、雕塑、壁画和镶嵌画，它们多出自名家之手，其中最吸引人眼球的就是进门右侧所陈列的米开朗琪罗的《哀悼基督》。这真是一座伟大的丰碑！包括圣彼得大教堂在内的整个梵蒂冈城1984年被列入世界文化遗产。

文艺复兴盛期与晚期公共建筑 文艺复兴盛期的公共建筑已经不局限于市政厅，而是出现了图书馆这一形式，这其中最为杰出的就是佛罗伦萨洛伦佐图书馆和威尼斯圣马可广场图书馆与造币厂。

佛罗伦萨洛伦佐图书馆 图书馆位于圣洛伦佐教堂旁边，用于收藏美第奇家族数量庞大的藏书，由米开朗琪罗设计。这一建筑也体现出米开朗琪罗对建筑传统或原则的某种"颠覆性"：门上的三角楣下沿被刻意打断；壁龛两侧方柱上大下小、头重脚轻；圆柱式样怪异，不知归属，无法辨认；圆柱甚至被嵌入墙体；另楼梯如瀑布般倾泻而下，不过它也带来活跃的气氛。凡此种种不合常理的“怪异”完全逾越了人们的价值取向，或许也只有米开朗琪罗敢于尝试和挑战！有趣的是，米开朗琪罗的这种大胆带给后人的却是不知所措，莫衷一是，于是就有了五花八门的看法。瓦萨里评价道：“所有艺术家都受到米开朗琪罗伟大永久的恩惠，他打破了之前羁绊艺术家们的锁链，使他们不再囿于创造传统形式。”（《詹森艺术史》，第591页）《欧洲建筑纲要》因此认为洛伦佐图书馆已经有风格即矫饰主义倾向，“这种凭借严格界限的空间强迫他人运动的趋势，是矫饰主义的简要空间特点”（第163页）。而《加德纳艺术通史》中却写道：“但这并不足以使他成为一个样式主义的建筑师。他对规模、均衡、秩序与稳定的追求，基本还是盛期文艺复兴建筑理想的一种体现。”（第542页）若再结合米开朗琪罗在圣彼得大教堂设计中对布拉曼特的追随及穹顶设计中的巴洛克征兆，这位大师究竟属于什么风格呢？或者说风格有那么重要吗？伟大究竟源自坚守还是创新？除了作品本身，无人能够回答！

罗马圣顶广场 这也是米开朗琪罗主持设计的一个公共项目，为改造项目，于1537年—1539年接受委托，位于罗马卡庇托（Capitol）山顶，此处曾是古罗马主神殿所在地，故称圣顶，就旅游而言，它就紧挨着爱默纽埃勒二世纪念碑，即无名英雄纪念碑或祖国纪念碑。米开朗琪罗的任务是，对元老院与卫宫这两幢老建筑加以重新装修，同时在此基础上做出能够相互呼应的新的设计，可以说，这是一个足以让常人望而却步的改造项目。我们现在能够清楚地看到米开朗琪罗的出色成果：拾级而上圣顶广场，正面面对位于广场东面的元老院（Palazzo dei Senatori），右侧即位于广场南侧的是卫宫，也称护宫或保守宫（Palazzo dei Conservatori），左侧即位于广场北侧的由米开朗琪罗所设计的新宫；三座建筑各自独立，但结构平衡，风格统一，且形成相互呼应的围合之势；米开朗琪罗通过巨柱设计使得元老院看上去更加高大，由此三幢建筑主次分明。这一工程直到米开朗琪罗去世很久后仍未完成，好在建造基本忠实于米开朗琪罗的设计。你看，经米开朗琪罗的巧妙处理，一个足以让人望而却步的改造项目便完美呈现，这就是大师啊！这个设计已经成为善用历史的典范之作，现在它是卡庇托利诺博物馆。

威尼斯圣马可广场图书馆与造币厂 如果坐船在圣马可广场这里上岸，那么正对着的就是圣马可小广场；它的右手边是总督府，再往里是圣马可大教堂；左手侧就是图书馆与造币厂，后面是挺拔的钟楼，再左转就是大广场及政府大厦。据说当年拿破仑来这里时就深情地感叹道：这是全欧洲最美的客厅。我记得到威尼斯也是在这里乘上贡朵拉游览全城的。图书馆与造币厂由佛罗伦萨雕塑家雅各布·桑索维诺（Jacopo Sansovino）设计。西侧三层为造币厂，显眼的石块表征平添了几分厚重感；图书馆为两层建筑，外部连续的拱券结构与古罗马角斗场十分相似，里面有丰富的希腊文和拉丁文藏书。贡布里希的《艺术发展史》中特别强调了光线对于这两座建筑的意义："它完全适应当地的天赋特征，即威尼斯的明亮光线，那种光线由环礁湖反射出来光辉夺目。""环礁湖发射出灿烂的光辉，似乎使物体的鲜明轮廓变得朦胧不清，调和了它们的色彩。"是啊，光难道不是建筑的一部分吗？我们只需想象一下建筑物上那明亮耀眼又斑驳变幻的光影，就已经够令人着迷了。如今，两座建筑外面广置桌椅，供游人一边歇息，一边欣赏四周美景。

文艺复兴盛期与晚期私人建筑 延续早期的风尚，私人府邸与别墅在盛期与晚期也有新的杰作问世，例如下面的法尔尼斯府邸和维琴察圆厅别墅。

罗马法尔尼斯府邸 也叫作法尔内塞宫。这是亚历山德罗·法尔尼斯即教皇保罗三世的私人府邸，由小安东尼奥·达·圣迦洛（Antonio da Sangallo the Younger）设计，为长方形建筑，面对一个开阔的广场。正立面简洁、明快，优雅而不失庄重；三层窗户各不相同，宁静中有变化；内部庭院沿中轴线展开，严格遵循对称法则，其中一楼为环绕式回廊；三个楼层分别采用了三种柱式，一层为多立克，二层为爱奥尼亚，三层为科林斯，这种变化也恰恰对应了历史进展或时间顺序，正是小构思中见大格局。1546年小安东尼奥去世，米开朗琪罗接手余下工程，三层即由他设计，顶部屋檐与美第奇府邸一样向外挑出，神采飞扬。

维琴察圆厅别墅 也称卡普拉别墅（Capra），位于维琴察附近，设计者为安德烈·帕拉蒂奥（Andrea Palladio）。别墅坐落于一个小山丘上，中心式，四个方向均有立面和门廊，且完全相同，可以欣赏任一方向的美景；建筑外观高贵、宁静、优雅、精致，有一种田园和诗意之美；立柱、柱廊、山花、雕塑，以及那个有模仿罗马万神殿之嫌的圆顶，各种几何元素获得高度协调和统一，处处提醒人们这是诠释古典的生动范例，体现了帕拉蒂奥对古典平衡与和谐原则的深刻理解。不过这座建筑与其说是用于居住的别墅，不如说是用于观景的平台，使用价值的大大受限，又说明帕拉蒂奥对古典的想象和假设或许有误。难怪贡布里希这样评论道：“无论这种结合怎样美，它却很难成为一座人们乐于居住的建筑。寻求新奇性和外观效果已经干扰了建筑物的正常用途。”是啊！对于住所来说，美观与实用，恐怕实用仍是第一位的。维琴察城和帕拉蒂奥别墅1994年—1996年被列入世界文化遗产。

风格主义 又称样式主义或矫饰主义，前面已多有涉及。《加德纳艺术通史》中认为：风格主义设计师是“以一种非传统的方式将古典元素加入到自己的设计中，但他们不是为了追求规模、均衡、秩序与稳定，他们有自己独特的目的——揭示建筑设计的‘人为’本质”（第542页）。风格主义说简单一点，就是追求夸张：夸张的空间、夸张的布局、夸张的造型、夸张的组合，以及夸张的纤细和柔弱，一句话，夸张的风格！学者们指出风格主义就是巴洛克的先声。其实风格主义倒也不是简单地置古典元素于不顾，而是把各种古典建筑元素不合逻辑地拼凑在一起，它表明那时的建筑师已经更多地想要摆脱某种“教条”或现成观念的束缚，随心所欲地按照自己的喜好“人为”行事。自然，按照维特鲁威的古典建筑原则，这是不被允许的。因此，风格主义曾被视作一种堕落，但今天人们已经能够更加宽容与平淡地来看待这一现象。我这里将四座建筑归在风格主义名下。

曼图亚德泰府邸 由朱里奥·罗马诺（Giulio Romano）设计。受到米开朗琪罗洛伦佐图书馆颠覆传统的启发，罗马诺也有意将建筑弄得不合常理，这尤其是体现在庭院的立面上：山墙不是山墙，拱券不是拱券；过粗的立柱与过细的楣梁不成比例；立柱与壁龛也形成一种滑稽组合。按《加德纳艺术通史》的说法，“这座建筑几乎囊括了样式主义建筑的所有语汇”。并且认为，“朱里奥·罗马诺故意嘲弄古典法则，并努力去使观众感到震惊”。总之，一切都那么畸形、唐突、不可思议和无法理喻，于是，建筑成为一种幽默或玩笑。我因此想到20世纪超现实主义画家马格利特的作品，一块巨石漂浮在海面之上，拆开都没错，组合到一块却是那么荒诞。

佛罗伦萨乌菲齐府邸 由乔治·瓦萨里（Giargio Vasari）设计。建筑为四层（底层为凉廊，里面多置雕塑，二层是夹层），三面围合，中间形成一条狭窄走廊，故又称乌菲齐走廊，这也正是夺人眼球之处。各条放射线最后通向灭点，简直就是最好的透视学教科书，记得那年参观这一建筑就是这种感觉。瓦萨里是米开朗琪罗的学生，因此受老师的影响非常明显，对此只要比较洛伦佐图书馆就一目了然。《世界美术名作鉴赏辞典》与《欧洲建筑纲要》都将乌菲齐府邸归在风格主义之列，如后者这样说道："在世俗建筑领域，最为人熟知的实例，毫无疑问是佛罗伦萨瓦萨里的乌菲齐宫。""两个高高飞翼沿着狭长庭院构成建筑主体。这种形式化要素对于我们而言颇为熟悉：楼层缺乏清楚的分界感，结合异教风格的细部，达成了和谐一致的效果；长长的托座优雅而脆弱，位于双壁柱下方，双壁柱根本已名不副实，面目全非。"（第 163 页）乌菲齐府邸或许提供了这样一种风格主义语汇：引导、逼迫，还有挤压，由此造成不得不就范的服从感。此外，乌菲齐的风格主义特征也体现在朝向阿诺河的正立面上，这里有"矫饰主义者最喜爱的房间连接方式，用这种方式，可以避免清楚的文艺复兴风格单元分界感"（同上）。

威尼斯庄严圣乔治马乔里教堂　圣乔治教堂由帕拉蒂奥设计，与圣马可教堂隔岸相望。建筑正面山墙与立柱的组合如同神庙，圆形穹顶同样亦为古典符号，这一切都让人联想起希腊与罗马。但评论家又注意到，这个建筑的外立面设计似乎是将两座神庙的立面相互叠加在了一起，毫无疑问，这种混乱或非理性的处理就是典型的样式主义特点。我所提供的图片是从圣马可广场钟楼拍摄的。

威尼斯救世主教堂　这一教堂亦由帕拉蒂奥设计，正面山墙与圣乔治教堂多少有几分相似，高大的穹顶格外显眼，它就像一艘威尼斯战舰。但请注意，它的正立面实在夸张，竟然有 5 个相交的山花，相比之下，圣乔治教堂真是小巫见大巫。假如人们认为这是风格主义玩的花招，那不应该会有任何异议。

意大利以外的文艺复兴时期建筑 1500年以后，文艺复兴的熏风同样拂向欧洲其他国家，例如法国和西班牙。通过以下建筑，我们可以看到16世纪文艺复兴对欧洲其他地区的影响，特别是法国文艺复兴建筑的完整进程。

法国卢瓦河谷香博堡 卢瓦河谷一带森林茂密，动物繁多，是田猎的理想之地，所以法国王室与贵族曾在此处建有众多城堡和别墅，香博堡即由弗朗西斯一世所造。城堡主楼为三层，四角有圆塔；布局设计严格遵循对称原则，体现了文艺复兴建筑的精神，因而也被视作法国古典主义建筑的早期范例。然而坡形屋顶上尖塔与烟囱林立，累赘无比，身处其间，如临迷宫，或许这又是对文艺复兴理想一知半解的表现？值得一提的是，城堡正中的双螺旋楼梯据说为达·芬奇所设计，上下互不干扰，可谓匠心独具。我2007年去过那里，惊骇的是一些屋子的墙上饰满了鹿头鹿角，由此彰显主人的赫赫地位。卢瓦河谷历史遗址2000年被列为世界文化遗产。

法国卢瓦河谷雪侬瑟堡 2007年我还去了雪侬瑟堡，同为16世纪法国文艺复兴的代表性建筑。雪侬瑟堡枕于谢尔河上，气质优雅，装饰精巧，滚滚湍流日夜不息自下淌过；旁边的马克塔是13世纪留下的，而呈L形的主体则为16世纪所造，属于法国文艺复兴的代表性建筑（包括里面所收藏的那个时期的家具），但又有些许哥特和巴洛克风。弗朗索瓦一世、亨利二世及凯瑟琳·美第奇等都曾是这里的主人，王气十足；同时它又透出浓浓的女人味，这正与几位女主人密切相关，里面包含着曲折迷离、恩怨情仇的动人故事。

法国枫丹白露宫 枫丹白露，这是一个多么好听的名字，如同翡冷翠，不像当下国人，只剩下老佛爷这样俗不可耐的称呼，同样是汉语，何至于有这等天壤之别，真是每况愈下。枫丹白露宫最早可上溯至12世纪，原本为狩猎行庄。1528年，弗朗索瓦一世对其进行大规模扩建，先后参与设计与建造的有吉尔·勒布雷东（Gilles Le Breton）和让·安德鲁埃·杜塞尔索（Jean Androuet du Cerceau），由此枫丹白露宫成为凡尔赛出现之前的最大王宫，亨利二世、亨利四世、路易十四、路易十五、路易十六以及拿破仑等法国君主都曾在此居住过；之后各种修建一直持续到19世纪，由此融入了包括文艺复兴、矫饰主义、古典主义、巴洛克、洛可可在内的不同风格。枫丹白露宫外观对称中有变化，豪华中有节制，遵循着文艺复兴理想；但内部的舞会厅、弗朗索瓦一世长廊又尽显王室的不凡气派，其实它正是文艺复兴后期风格主义的体现。另王宫外有英式和意式花园，喷泉池水，景致怡人；更远处运河河道笔直，两旁绿树成荫，已可见后来凡尔赛宫的雏形。2005年到此一游，它大大丰富了我对欧洲王宫与园林的认识。枫丹白露宫1981年被列为世界文化遗产。

法国卢浮宫 1546年，弗朗索瓦决定拆除旧卢浮，建造新卢浮，之后，继任者亨利二世接续了这一工程。皮埃尔·莱斯科（Pierre Lescot）领受项目负责设计建造，雕塑家让·古戎（Jean Goujon）负责装饰。如果说香博堡和雪侬瑟堡代表了法国文艺复兴早期的建筑，那么枫丹白露宫与卢浮宫则代表了法国文艺复兴中期以后的建筑。特别是卢浮宫，它可视为法国传统与意大利风格的典型结合之作。卢浮宫是一座四合院落，如前所见，这种围合形制是意大利文艺复兴时期许多私家府邸所采用的，当然，卢浮宫的中庭要大得多；此外我们看到，层层叠加的柱式、一层的连拱廊及带山花的窗框都是典型的意大利样貌，而陡峭的屋顶、狭长的窗户则是法国式的；第三层立面饰满浮雕，山墙不合古典规制，由此明显可见文艺复兴后期的风格主义影响。不过这一建筑直到17世纪中叶仍未竣工，事实上，彼时法国建筑观念或风气已经大变，就此意义上说，卢浮宫也是法国模仿意大利风格的最后范例，对此后面古典主义一讲中还会继续考察。需要说明的是，在北方，文艺复兴建筑样式并不仅仅影响到法国，例如安特卫普建造于1561年—1566年的市政厅就是一例。卢浮宫所在巴黎塞纳河畔建筑群1991年被列入世界文化遗产。

西班牙埃斯科里亚尔洛伦佐王宫 埃斯科里亚尔洛伦佐王宫坐落于马德里西北约45公里处，依傍瓜达拉马山脉，由西班牙著名建筑家胡安·巴蒂斯塔·德·托莱多（Juan Bautista de Toledo）设计。建筑占地三万多平方米，呈长方形，棋格布局，左右对称；里面有王宫、教堂、陵墓、修道院、大学，以及图书馆和博物馆，四周设有塔楼，又很像城堡；进入主体建筑后首先是国王庭院，面对雄伟的教堂，两旁分别是学校和修道院；教堂是宫殿重心，半球状穹顶巍然耸立，教堂两侧有天井、回廊及图书馆；建筑立柱多采用古典的多立克样式，华丽璀璨的天顶湿壁画尤值得一看，整个宫殿庄重、肃穆，体现了典型的皇家风范。此外埃斯科里亚尔宫收藏有大量珍贵艺术品，如提香、丁托列托、委罗内塞、格列柯、委拉斯开兹的画作，图书馆藏有4万件图书及众多珍贵手稿；值得一提的是，教堂存放有菲利普二世搜集的约7500件基督教圣人遗骨，据说还包括耶稣与十二使徒的，分装于570个圣盒中，这真是一份“无价之宝”。埃斯科里亚尔王宫1984年被列为世界文化遗产。

·13·

约 1600 年—约 1750 年

巴洛克与洛可可风格建筑——属于贝尼尼、波洛米尼、芒萨尔的时代：从耶稣会教堂到凡尔赛宫

背 景

在《西方古典绘画入门》中，我们已经考察过巴洛克和洛可可风格。“巴洛克”（Baroque）一词最初来源于葡萄牙语（Barroco）和西班牙语（Barroca），意为形状怪异的珍珠，以后在意大利语（Barocco）中有奇特、古怪之意，而在法语（Baroque）中则表示怪诞、凌乱。巴洛克建筑风格的特征是：造型夸张，场面热烈，具有极强的戏剧性或紧张感。1600 年—1700 年是巴洛克艺术样式最为流行的世纪。巴洛克之风首先是从意大利吹起的，其雏形或先导就是文艺复兴晚期的矫饰主义（或称风格主义）。罗马天主教会为止住新教改革带来的冲击，开始大力提倡形象艺术，其中也包括建筑，以期信众在宗教生活中有更直观的感受，这可以说是巴洛克的动因，而罗马也是巴洛克的中心。之后，巴洛克建筑风格向法、英、德、奥地利以及俄罗斯等国家延伸，

并形成不同的特点。洛可可通常被看作巴洛克风格的晚期，即1700年—1750年的形态，这多少有点类似于风格主义之于晚期文艺复兴。“洛可可”（Rococo）一词由法语（Rocaille，意指贝壳工艺）和意大利语巴洛克（Barocco）合并而来，由此我们不难看出这两个语词的亲缘性。洛可可可以说是法国的特产，亦称“路易十五式”，给人的总体印象是：做工纤巧，色彩绮丽。在建筑上洛可可主要并不是体现于外观，而是体现于内部，即体现于室内装饰。《詹森艺术史》中这样界定巴洛克与洛可可的关系：“虽然巴洛克与洛可可有相似之处，但这两种风格之间存在着一个根本的差别，简言之，就是幻想。如果说巴洛克用一种壮丽的方式来展现喜剧场面，那么洛可可的舞台更小，更为细致。它用巧妙的办法再现了一个脱离现实的王国，令人心仪。”这段表述用于建筑尤为贴切。

值得一提的是，在一些艺术通史著述中，巴洛克与洛可可风格同样占有巨大的篇幅，以《詹森艺术史》为例，其中就有“第19章：意大利和西班牙的巴洛克艺术”“第20章：尼德兰的巴洛克艺术”“第21章：法国和英国的巴洛克艺术”“第22章：洛可可艺术”这几章，数量仅次于文艺复兴时期。其中，建筑占有相当的比例，它足以引起我们对这一建筑样式或风格的重视。

欣赏作品

13-1 意大利罗马巴洛克

罗马耶稣会教堂，1568年—1584年（图193）

圣彼得大教堂，前厅1607年—1612年、华盖1624年—1633年、环廊1657年—1666年（华盖、广场环廊，图194、195）

罗马四喷泉圣卡罗教堂，1634 年—1682 年，外立面 1665 年—1676 年（外观、内部穹顶，图 196、197）

罗马圣伊沃教堂与纳沃那广场圣阿涅塞教堂，前者始建于1642 年，后者建于 1653 年—1663 年（图 198、199）

罗马圣安德烈教堂，1658 年—1678 年（图 200）

13-2 意大利其他地区巴洛克

威尼斯安康圣母教堂，1630 年—1687 年（图 201）

都灵圣尸衣礼拜堂，1667 年—1690 年（内景，图 202）

都灵卡里那诺宫，始建于 1679 年（图 203）

13-3 法英巴洛克

法国凡尔赛宫，1655 年—1682 年（外观、内景，图 204、205）

法国巴黎恩瓦立德教堂，1677 年—1691 年（图 206）

英国伦敦圣保罗大教堂，1675 年—1710 年（图 207）

英国牛津郡布伦汉姆府邸，1705 年—1722 年（图 208）

13-4 德奥巴洛克

奥地利梅尔克修道院，1702 年—1714 年重建（图 209）

奥地利维也纳圣卡尔斯克切教堂，1716 年后（图 210）

奥地利维也纳美景宫，1720 年—1724 年（图 211）

德国雷根斯堡附近韦尔登堡修道院，1717 年—1721 年（内景，图 212）

德国慕尼黑圣约翰·尼波姆克教堂，1733 年—1746 年（内景，图 213）

德国德累斯顿茨威格宫，1709 年—1732 年（图 214）

13-5 洛可可

法国巴黎瓦朗日维尔公馆房间，约 1735 年（图 215）

法国巴黎苏比斯府公主厅，1737 年—1740 年（图 216）

德国慕尼黑阿马林堡镜厅，1734 年—1739 年（内景，图 217）

德国维尔兹堡主教宫，1719 年—1744 年（内景，图 218）

德国上巴伐利亚斯泰因豪森维斯克切朝圣教堂，绰号“Die Wies”即“草地”，始建于 1757 年（内景，图 219）

13-6 俄罗斯巴洛克

圣彼得—保罗教堂，1712 年—1733 年（图 220）

冬宫，1754 年—1762 年（图 221）

作品简介

意大利罗马巴洛克 意大利巴洛克乃由文艺复兴而来，或由文艺复兴后期的矫饰主义而来。正如《詹森艺术史》所说：16 世纪末—17 世纪中的罗马就是一个大工地，结果“虽然许多建筑工程开始于文艺复兴，但由于是在巴洛克时期完工的，所以它们形成了迥然不同的特色”。意大利巴洛克是与宗教生活和宗教建筑密切相关的。观赏意大利巴洛克，可由表及里。所谓表就是先欣赏外立面，它们每每形态古怪，样貌惊人，既瑰丽又畸形；所谓里，就是再欣赏内部时可以发现，它通常也是花里胡哨，非常舞台化的。对此《艺术发展史》说得好——“进入这些教堂以后，就能更好地理解用宝石、黄金和灰泥变幻出的华丽效果是怎样被有意识地用来做出天堂荣耀的景象”，还说“我们有些人看惯了北方国家的教堂内部，大可认为这一令人眼花缭乱的壮丽景象世俗气太浓，不合我们的趣味”。（243 页）其实在某种意义上，南方的巴洛克与北方的哥特一样，都违反古典的常理。

罗马耶稣会教堂 16 世纪天主教实行改革，其中耶稣会十分积极和活跃，并于1540年得到教会首肯。1550年，耶稣会在罗马为自己设计建造这座母堂。最初的设计者是米开朗琪罗，但未能实现，直至米开朗琪罗去世四年后方才动工，最终由他的助手贾科莫·维尼奥拉（Giacomo Vignola）完成这一工作，立面则采用了贾科莫·德拉·波尔塔（Giacomo della Porta）的方案。教堂正立面总体简洁、优雅，同时也展现了文艺复兴所追求的古典和谐原则：高度与宽度相同。但同时，这一立面又表现出某种反理性与反传统倾向：双柱样式是风格主义的；涡卷形扶壁也非古典的，这一样式可以追溯到阿尔伯蒂设计的新圣母教堂正立面；特别是两个套置的山花更不符合逻辑。这些都具有明显的巴洛克特征，也成为日后许多建筑的样板，因此该教堂通常被视作巴洛克风格建筑的第一件代表作，《加德纳艺术通史》关于这座教堂的标题是：巴洛克艺术的先声。不过《欧洲建筑纲要》仍是将之作为矫饰主义看待的。此外教堂天顶画就是著名的《耶稣之名的胜利》，这是巴洛克绘画名作（《西方古典绘画入门》中已有介绍）。包括罗马耶稣会教堂在内的罗马历史中心1980年—1990年整体被列为世界文化遗产。

圣彼得大教堂　圣彼得大教堂也是在巴洛克时期全部建成的，那一时期主要体现了两项工作，一是增加前厅，二是进行内部与广场装饰。根据1564年天主教会特仑特会议的决定，做礼拜仪式用的教堂必须是呈纵向的巴西利卡式公堂。1603年，教皇克莱门特八世决定在米开朗琪罗所建部分的基础上再增加一个中堂和前廊，也就是前厅，由此将圣彼得大教堂变成一座长十字即拉丁式的教堂。这个任务交给了卡洛·马得诺（Carlo Maderno），最终就有了我们现在所看到的面貌。对此，陈志华是从进步与反动来理解的，这或许并没错。但我觉得罗马教廷的坚持或许同样也有道理，因为对于宗教而言，形式往往就是信仰本身。其实，新增加的前厅不可能根本改变原有设计的精神，并且马得诺的这个正立面设计也遵循了米开朗琪罗所确定的外部样式，换言之，这根本就是米开朗琪罗的设计！再说，在功能上增加的前厅不妨可以理解为是一首宏大交响曲的前奏。马得诺去世后，他的助手乔瓦尼·洛伦佐·贝尼尼（Giovanni lorenzo Bernini）承接了后续工程。无论是建筑还是雕塑，贝尼尼都将自己看作米开朗琪罗的后继者，事实上他也的确荣获了圣彼得大教堂设计师的美名。贝尼尼主要做了两件事。其一，在教堂十字交叉处，即穹顶下方，设计了一个高达30米、足以引导人们视线的巨型铜铸建筑与雕塑复合物——祭坛华盖，并通过这个华盖，又将人们的视线导向教堂后部半圆室圣彼得宝座上的圣骨匣。其二，在教堂外面的开阔空地建造了一个硕大的椭圆形广场，广场由同样集建筑与雕塑于一身的柱廊环绕，共计284根柱子，165尊雕像，柱廊如同一个巨大的臂膀，将朝圣者揽入怀中，同时也将神圣世界与周边世俗世界区隔开来。这两件庞大“物体”都可谓具有十足的巴洛克风范：宏大、精致、辉煌，看上去无比气派。不过，据说之后教皇与贝尼尼都因好大喜功、挥霍无度而备受责难。当然，由于经历了太长的时间，经历了太多的教皇和建筑师之手，你也可以将圣彼得大教堂看作一个“大杂烩”，有太多来自教廷的意志，也有太多出自设计者的主见，或“物是人非”，或“人是物非”，最后落得个“人非物非”，于是又有了太多的不尽如人意：两边的钟楼因基础“缺陷”而无法实现，中间的穹顶则因增加的前厅而“下沉”了。但如果我们由此就认为圣彼得大教堂失去了风格的连贯和统一，那或许同样是草率的。今天当我们来到圣彼得大教堂，首先将步入巨大的广场，徜徉流连其间，而后拾级而上，进入教堂前厅，再进入中殿，这辉煌非凡的感受完全是一气呵成的。就像《加德纳艺术通史》中所说：“‘胜利’与‘伟大’这两个概念一直贯穿在圣彼得大教堂的建筑及设计规划中，并被统一起来。这个建筑综合体的主轴从广场（方尖碑）一直延伸到教堂的中殿，穿过华盖下面的祭坛，最后到达终点——半圆形后殿中的主祭坛。”（第583页）即便是那个备受争议的前厅，虽然它影响了人们对穹顶的观瞻，但它向两边极大延展的空间却也拉开了视觉宽度，使得建筑看上去异常阔大；那八根擎天的科林斯巨柱拔地而起，托举着如同树冠的门楣和山墙，整个立面伟岸无比（正立面图见上一讲）。这些难道不正是罗马教廷所渴望的吗？它体现了野心与威严，相信这个惊世骇俗的外观曾带给无数朝圣者极大的惊愕和震撼，未入山门，已然跪倒。事实上我每次去也都体会到同样的崇高感！包括圣彼得大教堂在内的整个梵蒂冈城1984年被列入世界文化遗产。

罗马四喷泉圣卡罗教堂 由建筑师弗朗切斯科·波洛米尼（Francesco Borromini）设计，他是贝尼尼最大的对手，两人同为意大利巴洛克巅峰时期的旗手。贝尼尼设计的建筑外表和谐，内部华丽，而波洛米尼的作品则外表繁复，内部素朴；贝尼尼仍较多地受制于古典语汇，而波洛米尼则更敢于突破传统。这是波洛米尼的第一件作品。建筑不大，但外表惊人，在极有限的空间中呈现出复杂的波浪造型，一层凹—凸—凹，二层凹—凹—凹，弹丸之地中竟能有如此丰富的变化。有的评论说得很生动：波洛米尼“把整座教堂看作一件雕塑，任意搓揉、挤压，教堂就像在随心所欲的挤捏之间产生的”（《世界建筑图鉴》）。这种新奇大胆的设计以及建筑与雕塑夸张的结合一定远远超出贝尼尼的想象力。不过进入教堂内部，紧张的情绪便会放松下来，因为它的穹顶轻灵、通透，还颇有现代感。

罗马圣伊沃教堂与纳沃那广场圣阿涅塞教堂 波洛米尼还设计了另外两座重要建筑。一座是罗马圣伊沃教堂，六角形、集中式。或说立面比圣卡罗简洁，但其实外部造型充满“奇思怪想”：凹凸元素在这里再次出现，上层为诡谲的六边形，天窗则呈现螺旋样式，所有这些都无法在传统中找到对应的语汇；内部也是匠意独具，穹顶处亮堂无比，充足的光线从上面直泻而下。真是只此一家，别无分店。另一座是罗马纳沃那广场圣阿涅塞教堂，同样“相貌惊人”，例如塔楼上圆下方，一看就是喜庆有余，严肃不足。类似别出心裁、闻所未闻的建筑语汇还有许多。又一说此建筑是对圣彼得大教堂的批判。因为米开朗琪罗曾为圣彼得大教堂设计了塔楼，但后人未能如愿；同时由于圣彼得大教堂增加了前厅，致使穹顶在一定距离观看时被“埋没”。由这座教堂我们或许多少能感知米开朗琪罗的原意。当然，圣阿涅塞教堂要比圣彼得教堂小得多，两者其实根本无法相比。

罗马圣安德烈教堂　正立面一看就是贝尼尼而非波洛米尼的，古典、严谨、和谐、简洁。但进入内部，华丽尽显：涂彩灰泥、镀金饰板、精致大理石、满目的名贵油画，小天使飞翔其间，有一种恬美感，同样是十足的贝尼尼。

意大利其他地区巴洛克　除罗马外，巴洛克建筑也在意大利其他地区得到发展，例如威尼斯和都灵。

威尼斯安康圣母教堂　威尼斯巴洛克建筑的典型，建筑师是巴尔达萨雷·罗根纳（Baldassare Longhena）。教堂犹如一座海上浮宫，耸立于威尼斯大运河入海处，平面呈八边形，中心是一个巨大穹顶。外立面装饰华丽，是整座建筑中巴洛克风格的集中体现：正门既像古希腊神庙，也像古罗马凯旋门；高挑的立柱矗于高抬的底座上，不循常理；立柱叠拱券再叠山花，叠床架屋明显；雕塑不厌其烦，到处站立；硕大的涡卷形扶壁既显生动，也有些滑稽。整个立面显得繁复而夸张。

都灵圣尸衣礼拜堂　或称寿衣礼拜堂，隶属于都灵大教堂，因礼拜堂里保存着一件基督教世界最珍贵的圣物——基督的尸衣而得名。17世纪行将结束之际，都灵也成为意大利的巴洛克建筑艺术中心，而最具影响力的建筑师是瓜里诺·瓜里尼（Guarino Guarini）。圣尸衣礼拜堂最引人入胜之处是阶梯状穹顶：几何形肋拱棱层层叠叠，如迷宫一般盘旋而上，形成一个深无际涯的漏斗状空间；最高处是一个明亮的十二角星天窗，交错而下的光线充满幻觉感，犹如万花筒中景象。如果仔细对比尸衣礼拜堂和圣伊沃教堂的穹顶，就会发现它们的语汇是如此相似。

都灵卡里那诺宫　这也是瓜里尼的作品，整个建筑体现了高度个性化的语汇。府邸正立面凹凸有致，门窗都饰以雕塑，山墙也变成一个巨型雕塑，并带动整个建筑呼吸起伏，趣味盎然。波洛米尼运用于圣卡罗教堂立面的波浪造型在这里又一次出现并显得更加宽阔，加上上面说的相似的穹顶语汇，足以证明瓜里尼继承了波洛米尼的衣钵。

法英巴洛克　巴洛克自然也波及法国与英国。17世纪末，法国已经发展成为欧洲新的艺术中心，并与罗马分庭抗礼。法王亨利四世（1589年—1610年在位）、路易十三（1610年—1643年在位）、路易十四（1643年—1715年在位）都雄心勃勃，“为这一激动人心的转变营造了良好氛围”。不过17世纪中期的法国也已开始有了古典主义兴趣，于是艺术在巴洛克与古典主义之间摇摆和选择，最终形成了一种十分独特的样式——巴洛克古典主义，即兼具巴洛克风格与古典主义。巴洛克是因为受到意大利艺术的影响，而且受王室喜欢；古典主义则代表着艺术家的选择，这里面更多地包含了对希腊古典传统的景仰和向往。英国的情况也大抵相仿。总体而言，当时的法国与英国由于都更多地受到理性主义和古典主义影响，因此并没有出现完全意义上的巴洛克建筑，而只是部分或有限地运用了巴洛克的风格。

法国凡尔赛宫 设计者是夏尔·勒布伦（Charles le Brun，法兰西皇家美术学院院长）、路易·勒沃（Louis le Vau）及朱尔·阿杜安－芒萨尔（Jules Hardouin-Mansart，常被称为小孟莎），芒萨尔是主要负责人。凡尔赛宫是“太阳王”路易十四时期法国王权达到鼎盛的产物，路易十四说过“朕即国家”，看看这座宫殿便一清二楚。如同枫丹白露一样，凡尔赛既是宫殿也是园林；正面东向，南北宽 400 米，中轴线长达 3 千米；一路进去，最先见到的是三面围合的宫殿主建筑，气势博大；绕过主建筑，后面是一个中央台地，有一对水池，外面各有修葺整齐的人工花园，这里背靠宫殿，面对广袤无垠的美景；走下台地是一个硕大的喷水池，中间是拉东纳——阿波罗母亲雕像；再往前是长 330 米、宽 36 米的巨幅草坪，也称“绿毯”，两侧雕塑林立，苑囿成片；“绿毯”尽头是另一个大水池，阿波罗驾驭马车巡天而行；最后是一条开阔的运河，宽 62 米，长 1650 米，有一次我还看到划艇手在里面训练呢；两旁树林浓密，远处山冈起伏，落日时分，彩霞满天，辉耀着这座伟大的建筑与园林，也辉耀着法国王室，辉耀着伟大、光荣的路易十四。其实这一路上，你已很难分清什么是古典的，什么是巴洛克的。就宫殿主建筑来说，外部设计是古典主义的，但内部却有着强烈的巴洛克色彩。凡尔赛巴洛克的一个典型体现就是它的镜厅（Hall of Mirrors），白与淡紫大理石墙面，科林斯柱式；在枫丹白露宫我们已经看到弗朗西斯一世长廊，那是文艺复兴后期的风格主义，而凡尔赛镜厅可以说是枫丹白露长廊的延续和发展，它所体现的正是风格主义后继者巴洛克的神采，更加豪华，更加气派；在这里我们能够真正领略什么是金碧辉煌，想象一下当厅内几千支蜡烛点燃时是何等“壮观”，它既象征富有，也象征权力的至高无上。这实际“反映了国王本人的品味。相比建筑理论和宏伟的古典式外表，路易十四对能为他和他的廷臣们提供合适环境的奢华室内设计更感兴趣”（《詹森艺术史》）。除了镜厅，凡尔赛巴洛克还体现于战争厅、和平厅等厅堂的装修。贡布里希又认为，凡尔赛宫之所以是巴洛克的，乃在于它的规模巨大，并不在于它的装饰细部。（《艺术发展史》，第249页）至于古典主义，主要是指体量宏大、气质高贵的外立面。芒萨尔在中间层使用了一排爱奥尼亚立柱，包括双柱形式，这使古典主义语汇得到了充分的阐述。凡尔赛还有一处著名的古典主义建筑，这就是位于大运河横臂北端的小特里阿农宫，由蓬巴杜夫人命昂热-雅克·加布里埃尔（Ange-Jacques Gabriel）设计。除此之外，凡尔赛的古典主义还体现在几何格局的园林设计上。凡尔赛宫殿与园林1979年被列为世界文化遗产。

法国巴黎恩瓦立德教堂　即荣军教堂，简称荣军院。这同样是一座巴洛克古典主义风格的建筑，设计师也是芒萨尔。建筑平面呈正十字形，显然承继了布拉曼特和米开朗琪罗的理想。正面立柱与开间样式与意大利巴洛克神似，不过普遍认为该建筑的巴洛克特征主要体现在穹顶上，金光闪闪，华美尽显。相对而言，教堂内部显得比较理性。一些著述还认为，教堂内部少装饰，少色彩，很是朴素，法国巴洛克古典主义通常是“古典主义在建筑外观上占优势，而巴洛克则在内部取胜，而这座教堂却反其道而行之”。

英国伦敦圣保罗大教堂　英国的巴洛克风格建筑一般会追溯到建于1619年—1622年的白厅宫宴会厅（Banqueting House），这座建筑被认为具有某种帕拉蒂奥的语汇。当然，最具代表性的非圣保罗教堂莫属。1666年伦敦发生火灾，圣保罗教堂需要重建，这一重要工作被交给克里斯托弗·雷恩爵士（Sir Christopher Wren）。其实雷恩原本只是个业余设计师，犹如文艺复兴时期那些兴趣广泛的巨匠，由此我们也得以再次领略广泛兴趣与伟大创造之间的关联。雷恩最初的设计是集中式即正十字的，也就是以布拉曼特和米开朗琪罗的设计为原型，但自然遭到了否定，于是不得不改为拉丁十字的公堂式建筑。建筑正立面明显是罗马纳沃那广场圣阿涅塞教堂的延续，中间是穹顶，两边是塔楼，但比圣阿涅塞教堂更加宏伟，穹顶直径 34.2 米，高 112 米；并且教堂立面有更多的雕塑和装饰，尤其是那对双塔，巴洛克印迹十分明显。为此《加德纳艺术通史》《詹森艺术史》及《建筑的故事》中都将其作为巴洛克风格建筑对待。不过贡布里希在《艺术发展史》中写道："看一看细部，我们甚至会感到迷惑，不知道要不要把雷恩的风格叫作巴洛克风格。他的装饰中丝毫没有奇特或异想天开之处"（第 256 页）。陈志华也倾向于圣保罗大教堂总体上是一座古典主义建筑，另《建筑的故事》也说这座教堂的穹顶可能是所有教堂中最优美的，因为它平静、安详、清醒。可见圣保罗大教堂的风格颇难确定，或仍是古典主义为主？至少教堂正面叠层古典柱式与山墙给我留下了这样的深刻印象。其实这的确是许多处于风格交替期的建筑所普遍具有的现象，严肃地说，就是亦此亦彼，开玩笑地说，就是非驴非马。另外，我拍摄的照片表明，即使站在较远距离，穹顶依然无法看到，最多只能看到一部分尖顶，这很大程度上就是由于采用了拉丁十字；只有在远处站到相当于教堂二层的高度，才能看到穹顶巍峨的身躯。由此可见，拘泥传统所伤害的其实正是教堂建筑本身。

英国牛津郡布伦汉姆府邸　相比较而言，位于牛津郡的由约翰·范布鲁赫（John Vanbrugh）设计的布伦汉姆府邸则更具有巴洛克风采，建筑有着巨大的前院，且细部充满夸张的喜剧性。但此建筑尚未完工已遭一片讨伐，不难看出纯粹的巴洛克风格在英国并不受欢迎。布伦汉姆府邸 1987 年被列入世界文化遗产。

德奥巴洛克 德奥巴洛克可谓异军突起，成为后起之秀。按照《建筑的故事》中的说法，“在德国南部和奥地利，巴洛克发展出一些迷人的形式”。特别是在内部装饰上，几乎达到登峰造极的夸张程度。这意味着与英法不同，德奥的巴洛克是朝向极端运动的。

奥地利梅尔克修道院 梅尔克修道院的设计师是雅各布·普兰德陶尔（Jakob Prandtauer）。修道院距维也纳不远，坐落于多瑙河畔的一座小山之上，奇形怪状的塔楼高可参云，气势雄伟；建筑外表五颜六色，但以艳丽的黄色为主，视觉感受辉煌灿烂。进入内部，巴洛克风格更是吸人眼球，《艺术发展史》中如此写道：“当一个纯朴的农民离开了他的农舍，进入这个古怪的奇境时，这里对他意味着什么。到处都是云彩，天使们在天堂的福乐之中奏乐和弄姿示意。”“样样东西都似乎在活动、在飞舞——甚至连墙壁也不能静止不动，似乎也在欢腾的韵律中来回摇摆。”（第253页）这语气听上去似乎有几分揶揄。包括梅尔克修道院在内的瓦豪文化景观2000年被列为世界文化遗产。

奥地利维也纳圣卡尔斯克切教堂 简称圣卡尔教堂，它可以说是奥地利巴洛克建筑的翘楚，建筑师是约翰·波恩哈特·费希尔·冯·厄拉赫（Johann Bernhard Fischer von Erlach）。教堂长、宽、高分别是80米、60米和72米；正面呈希腊神庙样式，采用科林斯柱式；两边是罗马风格的纪功柱，顶部为土耳其式尖塔；纪功柱两旁是凯旋门样式的塔楼，教堂中央则是辉煌的穹顶，而这两部分是最能体现巴洛克风格的。这一建筑被认为是哈布斯堡王朝作为世界性帝国的重要象征。对了，若我没记错的话，在它马路对面就是“金色大厅”——我们中国人喜欢这么叫。包括圣卡尔斯克切教堂在内的维也纳历史中心2001年被列为世界文化遗产。

奥地利维也纳美景宫 由欧根亲王出资兴建，建筑师是卢卡斯·冯·希尔德布兰特（Lucas von Hildebrandt）。这是维也纳最著名的巴洛克宫殿，分上美景与下美景两座宫殿。进入宫殿，可以感受到奇异的装饰风格，如门厅和楼梯，《艺术发展史》中这样形容："我们能够想象它们在使用时的景象——某一天主人正在举行宴会，或举行招待会，那时灯火通明，打扮得又华丽又高贵的时髦男女莅临以后走上了那些楼梯。在那样一个时刻，当时的街道黑暗无灯，肮脏污秽，气味熏人，而这贵族之家却是光芒四射的神话世界，二者的对比必定是极为强烈的。"（第251页）

韦尔登堡修道院 德国教堂的巴洛克特别体现在内部装饰上，其中尤以科斯马斯·达米安·阿萨姆（Cosmas Damian Asam）和埃吉德·奎林·阿萨姆（Egid Quirin Asam）兄弟的作品最为著名。《欧洲建筑纲要》中列举了他们的两则早期作品——雷根斯堡（Regensburg）附近的韦尔登堡修道院（Weltenburg，1717年—1721年）和罗尔修道院（Rohr，1718年—1725年），并有生动的叙述。其中关于韦尔登堡修道院，书中这样写道："韦尔登堡大修道院的高坛，是一处更加神秘的舞台：银质圣乔治骑在马背上，挥舞着一把火焰状利剑，从闪着炫目光芒的背景中骑马径直冲向我们。"（第198、199页）这描述真是太直观、太形象了。从图片中可以看出，我们真的像在看一出舞台剧，帷幕拉开，骑士登场。韦尔登堡修道院位于雷根斯堡附近，雷根斯堡古城2006年被列入世界文化遗产。

德国慕尼黑圣约翰·尼波姆克教堂 又称圣约拿大教堂，是阿萨姆兄弟的晚期杰作。慕尼黑是南德文化中心，这里集中了许多具有德国特色的巴洛克建筑，其中圣约拿大教堂繁杂的内部装饰是最具代表性的，可以说已经到了无以复加的地步。那年儿子带我们去参观这座教堂，走入其中，一个字就是"晕"！在这里看不到我们印象中的那些教堂的结构和线条，可以说，这里几乎没有一根直线；并且装饰诡异而夸张，不是若隐若现，就是披金戴银。正像一些建筑史著作所写的，这哪里还像教堂，简直就是一个神秘奇异的洞穴。而这也在提醒我们，南德与北德在艺术风格上其实差异巨大，北德体现了新教的精神，而南德则是天主教的地盘。

德国德累斯顿茨威格宫　《建筑的故事》中写道：“巴洛克发展的最高峰，并不是表现在教堂的设计上，而是1709年以后出现在德累斯顿的茨威格宫——一座由梦幻般楼阁组成的宫殿。”茨威格宫建造于萨克森王腓特烈一世时期。这位选帝侯不仅雄才大略，也非常会享受生活，身边妻妾如云；同时他酷爱艺术，且有很高的鉴赏品位，德国画家门采尔就画过一幅《无忧宫中腓特烈大帝的长笛演奏会》。茨威格宫的设计者是马蒂斯·丹尼尔·波贝尔曼（Mathaes Daniel Poppelmann），由这座浮华和喧闹的建筑，我们的确可以看出腓特烈一世对生活和艺术的热爱。特别是建筑的穹顶，十足的巴洛克风格。二战时期，这一宫殿遭盟军轰炸夷为平地，现在看到的建筑是按原貌一点点重新拼装起来的。

洛可可　同样是洛可可，其实法国与德奥也非常不同。法国洛可可主要是在贵族的私人府邸，风格细腻、妩媚、香艳，色彩偏好玫瑰红、苹果绿、象牙白及深绛紫，饰以镀金线脚和大块玻璃镜子，再配上情爱主题的绘画，精雕细缕、温柔暧昧，女性化或脂粉气十足。在奥地利和德国南部，洛可可风格则更多用于教堂与宫殿内部装饰，颜色以白、粉、金为主，风格轻巧、柔和、优雅，气派较法国宏大。这实际是巴洛克的一种自然延伸，而且建筑、雕塑、绘画在这里得到了充分结合。

法国巴黎瓦朗日维尔公馆房间　设计师是尼古拉·皮瑙（Nicolas

Pineau）。《詹森艺术史》中这样描述："为了营造豪华的效果，在白色的墙壁表面贴上了镀金的灰泥装饰图案：阿拉伯花纹、C 形扇贝纹、S 形涡卷纹、怪异的鸟、蝙蝠翅膀和枝状莨菪叶饰。""一切都沉浸在涡旋卷曲的图案海洋中。"这就是法式洛可可基本的色彩与造型特征。

法国巴黎苏比斯府公主厅 设计师是里热尔曼·波夫朗（Germain Boffrand）。《加德纳艺术通史》中强调了家具的作用："法式洛可可的室内装饰，还包括了这些高贵的家具、迷人的小雕塑、装饰性镜框、瓷器、银器、'架上'绘画以及装饰性的挂毯等，这些装饰都对建筑、浮雕和壁画起到了补充作用。"家具摆设对于洛可可是不可或缺的。

德国慕尼黑宁芬堡的阿马林堡镜厅 有趣的是，法式洛可可真正的巅峰其实出现在德国，代表作即为德国慕尼黑宁芬堡阿马林堡中细腻柔媚的镜厅，设计师是弗朗索瓦·科维列斯（Francois Cuvillies）和约翰·巴普蒂斯特·齐默尔曼（Johann Baptist Zimmermann）。这个圆形大厅图案纤巧，色彩明快，四周镶满了镜子，极尽奢华，波浪形镀金植物沿墙壁攀缘而上，鸟儿飞蹿而出，冲向圆形屋顶的白色天空。《建筑的故事》中写道，若帕拉蒂奥泉下有知，一定会拍案而起。

德国维尔兹堡主教宫 维尔兹堡主教宫的建筑师是巴尔塔扎尔·诺伊曼（Balthasar Neumann），这座建筑或被当作巴洛克，或被当作洛可可，其实即使当作巴洛克也应是晚期，因此我将它作为洛可可对待。其中的帝王大厅最为辉煌，墙面和拱柱遍布各种美丽图案和轻盈雕饰，天顶画由意大利画家提埃波罗创作，颜色五彩斑斓，如同迷幻世界。我去过维尔兹堡两次，这个小城很值得一逛。维尔兹堡主教宫 1981 年被列入世界文化遗产。

德国上巴伐利亚斯泰因豪森维斯克切朝圣教堂 这座教堂位于上巴伐利亚乡间，绰号"Die Wies"即"草地"，由与巴尔塔扎尔·诺伊曼同时代的多米尼克斯·齐默尔曼（Dominikus Zimmermann）设计，其兄长约翰·巴普蒂斯特·齐默尔曼负责湿壁画。教堂外表朴实无华，但内部之堂皇足以让人震惊。《詹森艺术史》认为这件作品是18世纪中期最优秀的设计，《建筑的故事》则将其与奥托贝伦修道院并称为两件最精美的洛可可作品。尤其是斯泰因豪森朝圣教堂，“当冬天里白雪覆盖周围的时候，它沐浴在一片阳光之中，倍显亮丽动人”。类似的杰出设计还有奥托贝伦修道院教堂（始建于1737年），设计师是约翰·菲切尔；施塔弗尔施泰因十四圣教堂（1743年—1772年），设计师是巴尔塔扎尔·诺伊曼。这些教堂普遍具有的特征是：造型妩媚，线条流动，色彩柔和、明快、亮丽，却又金碧辉煌。《加德纳艺术通史》中形容道：“流畅的线条、交织的空间和失去的物质形式混合在一起，就像一只‘凝固的’巴赫赋格。”

俄罗斯巴洛克　在许多艺术史著述中，俄罗斯艺术并没有地位，例如在《加德纳艺术通史》和《詹森艺术史》中都是如此，我在《西方古典绘画入门》一书中就已经指出这一点。或许在这些艺术史家看来，俄罗斯的艺术无非亦步亦趋，太过平凡，无任何可圈可点之处。这方面，《建筑的故事》就处理得相对较好，其在新古典主义一章中特地辟出“俄罗斯帝国”一节对俄罗斯建筑加以论述。在我看来，这反映的不是艺术评价问题，而是文化史观问题，是长期以来建立在西欧中心基础上的文化与历史评价问题，因此我在本书中为俄罗斯建筑专门辟出位置。事实上，早在16和17世纪，俄罗斯就已经有了民族特色鲜明的葱头式样的宏伟建筑，如建于1560年左右的莫斯科华西里·伯拉仁内大教堂，建于1683年左右的罗斯托夫大教堂，以后还有建于1883年—1907年的圣彼得堡基督喋血大教堂，当然，它们并不“入流”，即不入欧洲建筑主流。但伴随着俄罗斯与西方的接触，17 世纪风行于欧洲的巴洛克风格也同样影响到了俄罗斯，从彼得大帝（1682 年—1725 年在位）开始，直到 18 世纪中叶（甚至更晚），俄罗斯涌现出一大批巴洛克与洛可可风格的建筑。

圣彼得—保罗教堂　俄罗斯属于巴洛克风格的教堂有圣彼得—保罗教堂（1712 年—1733 年）、斯摩尔尼修道院（1748 年—1754 年）。圣彼得—保罗教堂建造于彼得大帝时期，矗立于涅瓦河畔，塔楼似由若干个立面累叠而成；塔尖高 117 米，冲天而起，如利剑一般直插云霄。包括圣彼得—保罗教堂在内的圣彼得堡历史中心及其建筑群 1990 年整体被列入世界文化遗产。

冬宫　俄罗斯属于巴洛克风格的皇宫有圣彼得洛夫宫（1714 年—1724 年）、叶卡捷琳娜宫（1751 年—1757 年）及冬宫。其中大名鼎鼎的冬宫建于 1754 年—1762 年，出于意大利建筑师拉斯特列里（B.B.Rastelli）之手。整个建筑长 230 米，宽 140 米，有大小厅室 1000 多间，呈围合状，代表了俄罗斯巴洛克的最高成就，如今是艾尔米塔什博物馆的重要组成部分。

·14·

1670年—19世纪中叶

新古典主义建筑——起始于法国巴黎卢浮宫东立面，并广泛波及英、德、美、俄

背　景

新古典主义，许多著述也直接称之为古典主义，是相对于古代希腊和罗马的古典主义而言的，它是对希腊与罗马建筑更为本质的回归，包括形态、样式，并传承了其简洁、淳朴、高贵、典雅的气质。当然，它也包含了一种在巴洛克和洛可可风格过多的追求俗丽之后的返璞归真。

需要说明的是，由于17世纪末到19世纪中期这段时间的建筑样式开始呈现出多样性和复杂性，因此不同著述的阐释与理解有非常大的差异。不少著述并没有专门列出古典主义这样明确的章节。如《加德纳艺术通史》将其归在“思想启蒙运动及其遗产——18世纪晚期到19世纪中期艺术”名下；《詹森艺术史》将其归在“启蒙时代的艺术：1750年—1789年”名下；陈志华的《外国古建筑二十讲》则在第十一讲到第十四讲都涉及古典主义的内容。这样做的好处不言而喻，就是

可以呈现时代的完整面貌，避免以偏概全。然而这也有问题，即它会使特定的主题支离破碎、凌乱不堪。例如在《加德纳艺术通史》和《詹森艺术史》的上述章节中，限于时间规定，具有古典主义起点标志意义的卢浮宫东立面就无法出现，而是被放在前面的章节中加以叙述。显然，这对于理解古典主义这一特定且重要的风格的来龙去脉是不利的。

此外，对古典主义地位的评价也非常不同。在尼古拉斯·佩夫斯纳的《欧洲建筑纲要》一书中，古典主义是置于“16—18 世纪的英国与法国”和“浪漫主义运动、历史主义以及现代运动的开端”两个章节中叙述的。如标题所见，古典主义这一重要概念根本没有出现，不仅如此，古典主义在论述中的篇幅与示例都非常有限，多数其他著述提供的范例都没有引用，这显然反映了该作者淡化或轻视古典主义的立场。相反的例子是乔纳森·格兰西所著《建筑的故事》，书中大部分章节都以时代和地域命名，如包括古希腊与古罗马在内的古典时期一章和包括文艺复兴、巴洛克、专制主义、洛可可在内的文艺复兴一章。唯有两个章节以风格命名，分别是哥特和新古典主义，前者共计 14 页，后者共计 16 页，后者还比前者多两页，这或许也反映了作者对于新古典主义这一风格的重视程度。

本书的处理方式是将新古典主义作为一种风格对待并独立出来，与罗曼式、哥特式、巴洛克、洛可可等风格并列加以叙述。我的理解是，尽管古典主义是其所处时代不同风格中的一种，但它应被视作一种代表时代精神的主流形态。新古典主义是从法国兴起的。在我的《西方古典绘画入门》一书中，我们已经了解到法国古典主义从普桑时期就开始了，这可以说是古典主义的滥觞。1648 年，法兰西皇家美术学院创建，1666 年又成立了罗马法兰西学院，而这一切都是在汲取古典文化的养分，特别是通过意大利获得古典文化的精髓。就建筑而言，第一件古典主义代表作应是建成于1670年的法国巴黎卢浮宫东立面。不过，新古典主义建筑的全面出现是在18世纪中叶，此时，有关古代希腊与罗马的考古研究取得了重大进展和丰硕成果，而以此为基础，建筑师们对古希腊和古罗马的建筑也有了更深入的了解和认识。《建筑的故事》就指出了这一深刻背景："贯穿整个18世纪，一支由建筑师、艺术家以及他们的主顾所组成的小型队伍，对古希腊和古罗马的遗迹和纪念碑进行了考察——历史上将此活动称为'大旅行'。从18世纪中叶开始，建筑师越来越像旅行家，他们周游四方，将著名的历史建筑记录下来，希望在自己的家乡重现它们的辉煌。"（第120页）总之18世纪中叶以后，古典主义建筑纷纷登场。

而按陈志华的观点，新古典主义可分崇尚希腊或罗马两种倾向：崇尚古希腊文化的以德国的温克尔曼和法国的劳吉埃为旗帜，崇尚古罗马文化的以意大利人辟兰尼西为旗帜。由于实行专制与帝制，特别是拿破仑时期以罗马帝国为楷模，因此法国的古典主义也在较大程度上追随罗马样式。相比之下，英国和德国则更强调民主制度的优越性，由此也就更多地倾向模仿或复兴希腊风格。（《外国古建筑二十讲》，第208页）当然，若去除拱券及穹顶，罗马与希腊风格也许并没有太大区别。此外陈志华又以希腊为例，举出复兴古典的三种类型：其一是照搬外形；其二是使用某种特定语汇，如柱式，作为古典的标示或象征；其三则是追求古典的精神特质，如和谐、明净、雅致、节制。（同上，第229页）简要说来，就是整体、局部、精神三项，而这于罗马也是一样的。

最后还有一点需要说明，新古典建筑与新古典绘画是不同的。西方近代以来的绘画在古代希腊罗马并无范例可循，故称其为新古典主义可谓名副其实；然而建筑在我看来则基本属于照搬，无论是整体抄袭，还是采用局部符号，都有炒冷饭之嫌，何新之有？况且所谓新古典主义风格通常只适用于建筑外立面，而与建筑内部无涉，说得直白些，就是“徒有其表”，不像巴洛克那样“内外兼修”“表里通吃”。如此说来，古典主义美则美矣，新则不足，更宜于视觉享受，而于其他不顾；但话说回来，这恰似美人，玉质当前，何求过多。

欣赏作品

14-1　法国新古典主义的开端

巴黎卢浮宫东立面，1667 年—1670 年（图 222）

巴黎旺道姆广场及纪功柱，1699 年—1701 年（图 223）

14-2　法国新古典主义的成熟

巴黎先贤祠，1755 年—1792 年（图 224）

法国大剧院，1778 年—1782 年（图 225）

巴黎凯旋门，1806 年—1836 年（图 226）

巴黎玛德莱娜教堂，1807 年—1842 年（图 227）

14-3　英国新古典主义

伦敦近郊齐斯威克宅邸，始建于 1725 年（图 228）

巴斯皇家新月楼连排住宅，1767 年—1775 年（图 229）

爱丁堡皇家高级中学，1825 年—1829 年（图 230）

伦敦大英博物馆，1823 年—1847 年（图 231）

14-4　德国新古典主义

柏林勃兰登堡门，1789 年—1793 年（图 232）

柏林阿尔特斯博物馆或古代博物馆，1790 年—1830 年（图 233）

波茨坦夏洛滕霍夫宫，1826 年—1833 年（图 234）

雷根斯堡瓦尔哈拉，1830 年—1842 年（图 235）

14-5　美国新古典主义

弗吉尼亚杰弗逊蒙蒂瑟洛住宅，1769 年—1809 年（图 236）

弗吉尼亚议会大厦，1789 年—1798 年（图 237）

弗吉尼亚大学，1814 年—1829 年（图 238）

美国国会大厦，完成于 19 世纪 60 年代（图 239）

14-6　俄国新古典主义

圣彼得堡喀山圣女教堂，1801 年—1811 年（图 240）

圣彼得堡伊萨基辅主教堂，1818 年—1858 年（图 241）

作品简介

法国新古典主义的开端　有些著述认为，法国古典主义的最早建筑样本可以追溯至巴黎卢森堡宫。的确，卢森堡宫在外观上显得比较沉稳、内敛，不像巴洛克建筑那样炫耀和张扬，但总的来说，古典主义表现在卢森堡宫这里仅仅只是一种感觉和极其有限且含混的语汇。同样，凡尔赛宫尽管也有古典主义建筑的要素和实体，但古典主义的形制或精髓仍未得到充分或完整展现。普遍认为，古典主义建筑的第一件代表性范例应是巴黎卢浮宫的东立面，也就是说，卢浮宫东立面应被视作新古典主义建筑的真正起点。

巴黎卢浮宫东立面　17 世纪中叶，动工于文艺复兴时期的卢浮宫基本完成，仅余东立面待建。但此时风尚已变，先是巴洛克风格于 16 世纪末大行其道，法国也深受影响，17 世纪上半叶法国古典主义已开始萌芽，在绘画中以普桑为代表。17 世纪 60 年代，卢浮宫东立面建造工作提上日程，之后，包括法国与意大利两国在内的建筑师都提交了方案，贝尼尼甚至还被请到了巴黎，但两国建筑师都对对方的方案予以否定。最终路易十四将任务交给路易·勒沃、夏尔·勒布伦（Charles le Brun）及克劳德·佩罗（Claude Perrault）三人，并批准了他们提交的古典主义方案。整个立面全长 172 米，高 28 米，按古代神庙样式设计。竖看：共分为三层，底层设计成基座模样，即神庙的墩座墙；上面两层掩于柱廊之后。横看：共分为五段，中央部分凸出，呈正方形，如同神庙正门，顶部有山花。左右两侧：先是凹进的连续廊柱，再是凸出的房间形式。整个立面整齐大方，简洁庄重，和谐得体，堪称古典主义建筑的杰作。实际上，这已体现了考古学成就在当时建筑设计中的有效应用。双柱形式曾引起争议，但日后却因皇家风范而成为法国古典主义的重要特征。若将东立面与卢浮宫其他部分相比，我们就会明显感受到二者的不同。建筑史家和艺术史家都普遍认为：卢浮宫东立面是法国古典主义建筑具有里程碑意义的作品，它标志着法国古典主义建筑的开始；同时，它也象征着法国古典主义战胜意大利巴洛克，宣示了意大利与法国在文化话语上的交接。

巴黎旺道姆广场及纪功柱 在近代欧洲，城市广场和广场中央的建筑与雕塑通常具有纪念意义，这来自古代罗马传统，巴黎的旺道姆广场及纪功柱就是典型，设计者为芒萨尔。广场四周建筑均为三层，底层为券廊样式，上面两层为住宅，外立面采用科林斯壁柱，坡形屋顶，是典型的法国范儿；而广场中央的纪功柱完全模仿甚至抄袭了古罗马的图拉真纪念柱，用于纪念 1805 年—1807 年拿破仑对俄国和奥地利战争的胜利。这一建筑组合的古典风格即就此而言。

法国新古典主义的成熟 18 世纪 50 年代以后的法国新古典主义建筑已经步入成熟时期，这一时期，新古典建筑大量涌现。总的来说，法国新古典主义的意涵比较丰富，既有希腊性，也有罗马性。

巴黎先贤祠 也称万神殿，正十字平面布局，设计者是让-热尔曼·苏夫洛（Jaques-Germain Soufflot），原本是圣热纳维耶芙修道院。乍一看，先贤祠与恩瓦立德教堂有几分近似，两者都有巨大的穹顶，是圣彼得大教堂的翻版。但恩瓦立德教堂有着明显的巴洛克印记，而先贤祠从廊柱到山墙显然都是古典主义的，特别是高挑的立柱，体现了当时的人们对古代希腊与罗马古典样式的浓厚兴趣。

法国大剧院 18世纪末时，法国建筑师就对更为纯粹的古典希腊样式做过探索，其中就包括由克劳德-尼古拉斯·勒杜（Claude-Nicolas Ledoux）设计，位于阿尔克·塞南的皇家制盐厂大厅门廊，建筑正面使用了十分典型的多立克柱式。1982年被列为世界文化遗产。类似的还有位于巴黎由马利-约瑟夫·佩尔（Marie-Joseph Peyre）和查理·德·怀利（Charles de Wailly）共同设计、建于1778年—1782年的法国大剧院[即现在的法兰西剧院，又名奥德翁剧院（Theatre de l' Odeon）]。这一建筑为两层结构，无三角楣，前排是八根多立克立柱，显得简约、古朴和沉重。

巴黎凯旋门 凯旋门位于巴黎香榭丽舍大街制高点的戴高乐广场，为典型的罗马样式，是拿破仑用于纪念征战获胜而建，设计师是让-弗朗索瓦·沙尔格林（Jean-Francois Chalgrin），但由于种种原因，整个工程持续了整整36年方告完成；建筑高近50米，宽约45米，是目前世界上古典形式凯旋门中最大的一座；周围放射出12条街道，构成巴黎城市中心的基本布局。

巴黎玛德莱娜教堂 也叫作玛德莱娜宫或马德琳宫，由皮埃尔·维尼翁（Pierre Vignon）设计。与皇家制盐厂和法国大剧院相比，玛德莱娜宫的古典气息无疑更加充分。拿破仑曾将这一建筑改为纪念法国军队胜利的“荣誉殿”，后重又改回教堂。该建筑高基座，阔台阶，8根巨型科林斯立柱拔地而起，托住布满雕塑的硕大山墙，整个立面显得非常壮观。其实，这一建筑在很大程度上是帕特农等古希腊神庙的复归。

英国新古典主义 有著述将英国新古典主义追溯至1619年—1622年建造的白厅宫宴会厅，但是绝大多数著述可能不会以此作为英国古典主义建筑的起点。同样，圣保罗大教堂虽然也有古典主义的要素，但由于它整个建筑语汇的复杂性，通常也不会被当作新古典主义建筑的经典范例。考察表明，英国古典主义建筑大致是在18世纪初叶或中叶以后普遍出现的，稍晚于法国，这和绘画的情形一样。但英国的新古典主义建筑更加偏向希腊风格，而希腊风格对罗马风格的替代也意味着英国风格对法国风格的替代。

伦敦近郊齐斯威克宅邸 这是一座位于伦敦近郊的乡村别墅，由业余建筑师伯灵顿勋爵（Lord Burlington）与艺术家威廉·肯特（William Kent）设计。伯灵顿勋爵曾前往意大利游历，这一建筑明显模仿了帕拉蒂奥的维琴察圆厅别墅，风格简洁大方，墙面无装饰，希腊神庙式立柱与山墙表达准确。在小小一栋别墅中，美德、理性及高贵得到充分体现。

巴斯皇家新月楼连排住宅 由于巴斯有罗马时期遗留下的温泉，因此这里的建筑复古气氛十分浓厚，代表建筑师中尤以约翰·伍德父子最为重要。老伍德的代表作是马戏场连排住宅建筑。我们这里看到的是小约翰·伍德（John Wood the Younger）设计的由30栋房子构成的连排住宅建筑，因为呈月牙形，所以被称作新月楼，由于造型特殊，风头盖过了马戏场。小伍德将一层当作墩座，二、三层使用连续的爱奥尼亚立柱，看上去气势非凡，我曾试图将整个连排建筑拍摄下来，但根本不可能。英国著名的连排建筑还有位于伦敦的肯勃兰连排住宅和卡尔顿连排住宅。巴斯城 1987 年整体被列入世界文化遗产。

爱丁堡皇家高级中学 苏格兰首府爱丁堡更是复兴希腊建筑的集中地，故也被称为新雅典或北方的雅典。爱丁堡新希腊或新雅典的最杰出作品就是爱丁堡皇家高级中学，设计师是托马斯·汉密尔顿（Thomas Hamilton）。建筑位于卡尔顿山南坡，整体模仿雅典卫城的帕特农神庙，俯瞰着爱丁堡，一如卫城俯瞰雅典。爱丁堡老城和新城 1995 年被整体列为世界文化遗产。

伦敦大英博物馆 大英博物馆是英国弃用罗马建筑样本，改用希腊建筑样本的一个经典范例，设计师是罗伯特·斯默克（Robert Smirke）。在斯默克看来，古代希腊建筑"是最高贵的，具有纯净的简洁"，大英博物馆正体现了这一精神。建筑正中凹进，两翼凸出，立面全部使用中庸的爱奥尼亚柱廊，其中中央 8 根立柱，简洁大方，上方顶着一个硕大的山花，一切都是那么希腊，那么雅典。

德国新古典主义 德国新古典主义的起步要更晚一些。德国深受温克尔曼艺术史观念和美学思想的影响，温克尔曼对古代希腊可谓推崇备至，因此德国的新古典主义也更倾向希腊风格，希望借助古典建筑创造一个新希腊、新雅典。对此，《建筑的故事》中写得十分肯定："希腊建筑真正彻底复兴是在普鲁士。在弗里德里希大帝强有力而又非常宽容开明的军事统治下，希腊建筑成为这个新兴强国的象征。"

柏林勃兰登堡门 勃兰登堡门的设计者是 C.G. 朗翰斯（C.G.Langhans）。这是一座屏风式建筑，高 26 米，宽 65 米，多立克柱式，原型是雅典卫城城门。建筑最高处是一尊面向东方驾驭着四马战车的胜利女神雕塑，她手执权杖，权杖顶端有花环、铁十字勋章以及一只展翅的鹰鹫，鹰鹫戴着普鲁士皇冠，象征着胜利。

柏林阿尔特斯博物馆或古代博物馆　德国复兴希腊风格的最伟大的建筑师是卡尔·弗里德里希·辛克尔（Karl Friedrich Schinkel），代表性作品就是柏林阿尔特斯博物馆，也称古代博物馆。建筑模仿了希腊神庙，正立面就像希腊神庙的侧面，异常宽广，18根爱奥尼亚立柱次第排开，古风盎然，气度非凡；同时，开阔的立面又使得省略山墙成为可能，避免古典复制落入千篇一律的窠臼，实在聪明；里面中央位置是圆形大厅，让人有一种到了罗马万神殿的错觉。整个建筑看上去沉静且雄伟，真是一座既恢复古典又不乏创新的伟大建筑，《詹森艺术史》为此赞美道，这是“柏林与古代雅典的荣光和高贵特质之间巧妙的联系”。之后的英国圣乔治大厅、美国林肯纪念堂，可能都受到此建筑的影响。我也不止一次站在建筑前感受这一建筑的伟大。包括阿尔特斯博物馆在内的博物馆岛1999年被列为世界文化遗产。

波茨坦夏洛滕霍夫宫　这也是辛克尔的作品。宫殿坐落于波茨坦皇家园林之中，辛克尔充分利用了这里优雅的自然环境。建筑色彩明媚，形制简雅，多立克门廊素朴无华，花园平台缓缓抬升，与周边自然美景融为一体。此外，建筑师还在这里建造了宫廷园艺师住宅，风格取自意大利低矮样式。波茨坦与柏林宫殿、公园1990年—1999年被列入世界文化遗产。

雷根斯堡瓦尔哈拉　瓦尔哈拉是日耳曼神话中英雄的长眠之地，因此这一建筑也被叫作烈士纪念堂，或伟人纪念堂，里面陈列着莱布尼兹、歌德、席勒等杰出人物的雕像。建筑由巴伐利亚皇室御用建筑师利奥·冯·克伦策（Leo von Klenze）设计，完全模仿帕特农神庙，正面8根多立克立柱托住三角楣，侧面亦为17根立柱；纪念堂坐落于山丘之上，这与大多数希腊神庙的位置相符，多瑙河则在旁边逶迤淌过，由下而上的视角和拾级而上的难度都平添了建筑的庄严感和崇高感。除了德国，同为德语文化区的奥地利其实也受到新古典主义的影响，例如建于1873年—1883年的维也纳国会大厦。

美国新古典主义 美国新古典主义与第三任总统托马斯·杰弗逊（Thomas Jefferson）密切相关。杰弗逊曾担任美国驻法国使节，在此期间，他十分关注法国以及欧洲的建筑风格和动向，回国后便不遗余力地加以推广。更重要的还在于杰弗逊本人就是一个设计师，他设计了杰弗逊住宅、弗吉尼亚议会大厦、弗吉尼亚大学，这些建筑几乎都成为美国新古典主义的典范，成为后来诸多新古典主义建筑的楷模。因此完全可以这样说，美国的新古典主义就是由杰弗逊所确立的，他是美国新古典主义建筑之父。

弗吉尼亚杰弗逊蒙蒂瑟洛住宅 这是杰弗逊最早的作品，属于英式帕拉蒂奥风格，有与维琴察圆厅别墅相似的门廊、山花；建筑中部是八角形圆顶，下方是杰弗逊工作与起居之处；圆顶四周房间错落有致，条理清晰，功能齐全；住宅旁边绿树葱郁，碧波荡漾。蒙蒂瑟洛住宅1987年被列入世界文化遗产。

弗吉尼亚议会大厦 杰弗逊在法国就任期间曾前往南部的尼姆旅行，而弗吉尼亚议会大厦简直就是尼姆古罗马时期麦松·卡雷神庙的翻版。采用的爱奥尼亚柱廊虽显单调，但却庄重。大厦里面可以容纳众多政府部门，日后这也成为美国不少官方建筑的样板。

弗吉尼亚大学 弗吉尼亚大学按杰弗逊理想而建，校园平面呈长方形；两列住宅通向学校最著名的古典复兴建筑——杰弗逊图书馆，一路景色如画，林木荫荫，芳草萋萋，尽头的图书馆高贵典雅，白绿相间的色彩在阳光映衬下鲜艳夺目，美不胜收；图书馆大门是希腊式的，有极和谐的柱廊和山花；后面主体建筑为圆形，上覆穹顶，如同罗马万神殿。杰弗逊给自己拟的墓志铭是："这里埋葬着托马斯·杰弗逊，美国《独立宣言》和弗吉尼亚宗教自由法的起草者及弗吉尼亚大学之父。"其中未提总统一职，这体现了自由与平等的精神！当然，不容忽视的是，杰弗逊也是一个奴隶主。包括杰弗逊图书馆在内的弗吉尼亚大学 1987 年被列为世界文化遗产。

美国国会大厦 美国国会大厦位于华盛顿 25 米高的国会山上，最初于 18 世纪末设计建造，设计师是威廉·汤顿（William Thornton），之后曾经遭遇战争和火灾，经多次改建，并由多位建筑师参与设计，最后完成于 19 世纪 60 年代林肯任内。时值南北战争，财政紧张，但因林肯坚持终得竣工。建筑以白色大理石为主料，仿照巴黎万神殿，外观宏伟，强调纪念性，兼具罗马与希腊风格，是古典复兴的代表作；建筑下面主体部分长 233 米，为三层平顶；上面中央圆顶亦为三层，总高 55 米，圆顶之上立有一尊 6 米高自由女神青铜雕像。顺便说一句，美国华盛顿与纽约非常不同，满大街几乎都是古典风格的建筑，包括白宫、各个政府机构和诸多博物馆。作为美国首都，我想这其实也透露出美国开国者及后继者的文化与价值取向。

俄国新古典主义 18 世纪下半叶，叶卡捷琳娜二世在位（1762 年—1796 年）。叶卡捷琳娜二世是继彼得大帝之后又一位杰出的沙皇，她实行开明专制，引进西方先进思想，功业彪炳。与此相关，在叶卡捷琳娜二世统治期间及稍后，俄罗斯出现了一批古典主义样式的建筑，包括莫斯科的巴什可夫大厦（1784 年—1786 年）、圣彼得堡的达夫里契宫（1783 年—1789 年）。19 世纪初特别是 1812 年俄法战争胜利之后，圣彼得堡又建造了更多的古典主义及具有折中和综合风格的建筑，包括喀山圣女教堂（1801年—1811年）、交易所（1804年—1810年）、新海军部大楼（1806年—1823年）、伊萨基辅主教堂（1818年—1858年），等等。以下我们考察两例。

圣彼得堡喀山圣女教堂 喀山圣女教堂由A.N.沃洛尼辛（A.N.Voronikhin）设计。沃洛尼克辛原本只是一个农奴，出身卑微，但后来被送往巴黎与罗马接受教育。教堂正面门廊与山墙呈古典风格，其中最为突出的是由96根科林斯立柱围成的半圆形柱廊，这明显取自圣彼得大教堂，它也成为后来海军部大楼等建筑模仿的样本。圣彼得堡历史中心及其建筑群1990年整体被列入世界文化遗产。

圣彼得堡伊萨基辅主教堂 伊萨基辅主教堂也称圣埃萨主教堂，位于圣彼得堡元老院广场（后得名十二月党人广场）深处，气势庄严宏伟，最初由A.R.蒙特弗朗（A.R.Montferrand）设计，但他只是一名绘图员，因此后来成立了一个专门委员会对其方案加以修改。教堂平面为正十字，正面廊柱、三角楣以及穹顶与巴黎先贤祠十分相似，古典风格十分明显。

·15·

19 世纪初—20 世纪初

古典余波——在混合或混乱中终止

背　景

18 世纪末与 19 世纪初起，伴随着工业文明的到来，古典时代已步入尾声。就一般西方艺术史而言，这一时期属于古典与浪漫共存时期，如在绘画中这样的格局就非常清楚。但这一时期的西方建筑却呈现出更为复杂的因素，有浪漫主义，有各种古代形式的改造或复兴，也有更多成分的混合即折中样式，还有对古典的坚守。总之，这一时期的建筑更具多样性，当然，也更显骚动和混乱。除此之外，这一时期西方的地理视野扩大了，文化版图也扩大了；与此对应，世界不同地域的文化元素开始进入西方；反之，由于西方的强势，其文化元素也大规模地输出到世界各地，包括遥远的东方。“山雨欲来风满楼”，可以说正是这一时期的真实写照。一方面这体现出古代纯粹性面貌的终结和古典思维与智慧的枯竭，另一方面这也是一个新时代来临的征兆，混沌之际便是新生之时。事实上，从 19 世纪 80 年代开始，美国建筑的芝加哥学派就出现了，马歇尔·菲尔德批发商店、施乐辛格 & 梅耶商场即今卡森·皮里·斯库特百货商店这样全新的高层建筑样式已经展现在世人面前；德国的格罗皮乌斯也于 1911 年设计建造了包豪斯简约建筑风格的前身——法古斯工厂。由此，本讲古典余波，既指延续，也指传播，但无论是哪一种，作为一段历史，古典都已走到生命的尽头。

欣赏作品

15-1 新的时尚：复兴与混合

俄罗斯圣彼得堡新海军部大楼，1806 年—1823 年（图 242）

英国伦敦议会大厦，1836 年—1868 年（图 243）

法国巴黎歌剧院，1861 年—1874 年（图 244）

意大利罗马爱默纽埃勒二世纪念碑，1854 年—1911 年（图 245）

德国巴伐利亚新天鹅堡，1869 年—1892 年（图 246）

法国巴黎圣心教堂，1876 年—1919 年（图 247）

15-2 文化交流：东风西渐与西风东渐

英国布莱顿皇家亭阁，1815 年—1823 年（图 248）

中国上海外滩建筑群，19 世纪末—20 世纪初（图 249）

15-3 依依不舍的回眸

美国华盛顿林肯纪念堂，1911 年—1922 年（图 250）

作品简介

新的时尚：复兴与混合 在上一讲中我们看到了对古代希腊和罗马的复兴，通常称之为古典复兴。事实上，在这个短暂的时期，复兴成为一种主流，它并不仅仅局限于希腊和罗马，而是包括历史上的一切样式。同时，这种复兴也体现出一种对多样性的追求，包括异域文化，这就是折中或混合。当然，它也充满了奇思妙想和浪漫色彩。正如《詹森艺术史》中说的："埃及、希腊、罗马、罗马式、哥特式、文艺复兴、巴洛克、中国、土耳其、安妮女王、乡间茅草屋，这一切都在19世纪的欧洲建筑中复活了。建筑师就一个项目提出几种不同风格建议的情况屡见不鲜，而在一座建筑里发现几个时期的风格也是常有的事。"《欧洲建筑纲要》一书也说到，19世纪初，"建筑的化装舞会正在如火如荼地进行：古典主义风格、哥特风格、意大利风格、古英国风格。到1840年供建筑工人和主顾参考的样品典籍包罗万象：都铎风格、法国文艺复兴风格、威尼斯文艺复兴风格及其他风格"。

俄罗斯圣彼得堡新海军部大楼 圣彼得堡新海军部大楼规模宏大，由曾在巴黎和罗马接受过教育的阿德里安·迪米特里维奇·扎哈洛夫（Adrian Dmitrievitch Zakharov）设计，也被视作新古典主义类型。建筑形制多样，融合了各种风格，包括希腊、罗马、哥特以及巴洛克，是一个不折不扣的大拼盘；同时它又性格鲜明，特征突出，有着俄罗斯的灵魂。《建筑的故事》中这样描写道："这个巨大的拱门上树立着一座奇特的塔，像是古希腊哈里卡纳苏斯陵墓和头顶着蜡烛般哥特式尖塔的巴洛克穹顶的混合物，有点哗众取宠。它看上去极度疯狂，却起到了巨大的作用。"

英国伦敦议会大厦 这幢典型的哥特复兴建筑是英国最高立法机构上议院和下议院的所在地，也称威斯敏斯特宫，旧宫毁于火灾，透纳有相关的画作。新宫于1836年重建，设计者是查尔斯·巴里爵士（Sir Charles Barry）及A.W.N.普金（Augustus Welby Northmore Pugin），后者是哥特专家。建筑采用对称布局和垂直式样，整齐有序，哥特之中不乏古典；两旁耸立的钟楼和塔楼显得宏伟庄重，而与泰晤士河相伴又平添了画面感；此外该建筑还因钟楼上的大笨钟而闻名。威斯敏斯特钟声在西方家喻户晓，客观地说它的钟声的确很好听。

法国巴黎歌剧院 巴黎歌剧院金碧辉煌，设计师是夏尔·卡尼埃（Charles Garnier）。建筑整体风格属于巴洛克，正立面珠光宝气，因此也被讥为“巴黎的首饰盒”；一层为拱门，有罗马风；二层采用文艺复兴后期帕拉蒂奥的古典主义双柱样式；立面两侧装饰着山花，山花本是希腊概念，但此处的弓形山花却是文艺复兴的；屋顶设计成皇冠造型，尊贵气质延续了拿破仑时期的帝国风范；剧院内部更是充斥着巴洛克趣味，无处不在的雕塑、绘画、镜子令人眼花缭乱，地面与墙面布满大理石和马赛克，还有数不清的烛台。所有这些都显示出巴黎歌剧院是典型的折中主义作品。

意大利罗马爱默纽埃勒二世纪念碑 此碑由吉斯培·萨科尼（Giuseppe Sacconi）设计，为纪念使意大利走向独立和统一的开国国王爱默纽埃勒二世而建，浮雕群上青铜骑马者即爱默纽埃勒二世。1921 年，为纪念在一战中牺牲的烈士又在纪念碑基座下增建了无名英雄墓，所以也被称为无名英雄纪念碑或祖国纪念碑。纪念碑长廊长达 72 米，由 16 根高 15 米的立柱连贯组成，雄伟壮观；两旁为方庙形建筑，顶端矗立有巨大的青铜雕像；整座建筑融希腊、罗马、巴洛克于一体，同样是多种风格的混合。不过，若将这一建筑与它前面的威尼斯广场合并考虑，就会发现建筑极大，广场极小，犹如大头小身，极不相称。

德国巴伐利亚新天鹅堡 新天鹅堡的德语名字是 Schloss Neuschwanstein，这是古典主义在 19 世纪的孪生姊妹——浪漫主义风格的代表作，设计师是克里斯蒂安·詹克（Christian Jank）、埃德华·瑞德尔（Eduard Riedel）、朱利叶斯·霍夫曼（Julius Hofmann），不过我觉得巴伐利亚国王路德维希二世（Ludwig II）本人应是这座奇幻城堡最重要的设计师。建筑本是路德维希的行宫，高约70米，各式塔楼林立，伫立在山巅之上。这一传奇建筑其实与路德维希的传奇人生有关，他生性喜欢艺术，却对国家治理毫无兴趣，最终选择避居乡间田园，结果便造就了这一童话世界；历史上对待这座建筑的态度也如童话一般，当初这座耗费巨资的建筑曾招致极大不满，但现如今它却成为迪士尼乐园的原型，也成为整个巴伐利亚旅游经济的聚宝盆。

法国巴黎圣心教堂　圣心教堂位于巴黎的蒙马特高地，设计师是保罗·阿巴迪（Paul Abadie）。建筑通体雪白，故也称白教堂，有中东风情；正立面是三个拱形大门，两侧顶上各有一尊骑马塑像——法国国王圣路易和女英雄圣女贞德；教堂主体共一大四小五个穹顶，造型独特，一说是属于罗马与拜占庭二者风格的结合，总之明显带有异域情调。值得补充的是，蒙马特广场也是巴黎最具艺术特色的地方，想当初，包括毕沙罗、雷诺阿在内的一群印象派画家就是在这里成长起来。

文化交流：东风西渐与西风东渐　也是在这一时期，伴随着西方人地理概念的扩大，他们开始越来越多地接触到异域文化，其中也包括建筑，东方的元素开始吸引欧洲人的眼球，引起西方人的关注。与此同时，由于欧洲和西方这一时期在全世界的殖民活动，更多的是西方或欧洲文化被推行到近东、中东、远东、亚洲、非洲，乃至美洲。虽说这里面包含着文化的入侵，但传播、交流无疑是其中最重大的意义和价值所在。今天，在伤口慢慢愈合，痛苦的记忆慢慢被抚平之后，世界各地几乎都普遍珍视这份特殊时期留下的宝贵遗产。

英国布莱顿皇家亭阁　这座修建在布莱顿海滨的亭阁是为皇家度假用的，设计师是约翰·纳什（John Nash）。建筑综合了许多东方元素：

圆顶和尖塔有着伊斯兰和印度风，特别是美轮美奂的葱形穹顶，奇幻而浪漫，铁艺棕榈树则具有热带符号，室内装饰也受到埃及和中国的影响；这些自然与大英帝国的海外殖民与扩张有关，可以说就是将大英帝国在东方的所见所闻煮成一锅大杂烩，但它的确带给游客无限的东方遐想，作为度假再合适不过。其实，在英国和其他的欧洲园林中，我们时常能看到一些东方元素，如中国亭、日本桥。我去慕尼黑，城市里的英国公园中就见到号称中国的亭台，虽未必肖似，但作为一种符号或象征，已足以说明它的意义所在。

中国上海外滩建筑群　19 世纪下半叶到 20 世纪 30 年代，上海外滩北起北苏州河路、南至金陵东路，建成了大量西式建筑，这些建筑形态各异，涉及希腊、罗马、哥特、文艺复兴、巴洛克、新古典主义、折中主义等不同时期的建筑风格，多样而完整。如原亚细亚大楼就属于折中主义风格，元芳大楼的尖角窗有哥特风，原旗昌洋行和汇丰银行两幢大楼均呈古典风格，海关大楼具有折中性，原汇中饭店（现和平饭店南楼）有巴洛克元素，沙逊大厦（现和平饭店北楼）为现代派，怡和洋行大楼属英国复古主义，东方汇理大楼属法国古典主义，英国领事馆则是文艺复兴样式。外滩建筑群为上海这座城市提供了一道美丽的风景线，并且给中国乃至整个世界留下了一份宝贵的文化遗产。

依依不舍的回眸　在这个属于古典建筑的最后时期，我们将怀着崇敬的心情向古典建筑投去最后一瞥，并向她致以最后的敬意！我们这里要看到的样本或范例是美国华盛顿林肯纪念堂，她依旧散发着迷人的气息，正因此，她又让我们生出对古典建筑的无限眷恋。

美国华盛顿林肯纪念堂　严格地说，林肯纪念堂或许放在上一讲更为合适。当然，在这里，我们可以将它看作整个古典建筑历史的收官之作，古典气质在这座建筑上得到经典的诠释：庄重、典雅、素朴、静穆；一圈白色大理石多立克柱廊环绕四周，从正面与背面看各 12 根，从侧面看各 8 根，除去转角重复部分总计 36 根；屋檐的浮雕记录着林肯光辉的一生。该纪念堂的设计师是亨利·培根（Henry Bacon）。拾级而上进入纪念堂，正中央坐落着林肯的白色大理石雕像，作者为丹尼尔·切斯特·弗兰西（Daniel Chester French）。必须强调的是，林肯纪念堂与国会大厦、华盛顿纪念碑三点连成一线，构成华盛顿的精神根基。然而，夕阳无限好，只道近黄昏；无论我们怎样依依不舍，古典毕竟已离我们远去，一段伟大而漫长的历史结束了，她向我们、向人类、向整个文明关上了大门！

第4单元

从文艺复兴到古典余波的雕塑

约 1400 年 — 20 世纪初

本单元标题为：从文艺复兴到古典余波的雕塑（约 1400 年—20 世纪初）。下设的内容包括：16. 文艺复兴早期雕塑——始于多纳泰罗；17. 文艺复兴盛期与矫饰主义雕塑——从米开朗琪罗到詹博洛尼亚；18. 巴洛克与洛可可风格雕塑——贝尼尼及其影响；19. 古典主义与浪漫主义雕塑——卡诺瓦与卡尔波们的年代；20. 古典余波——终于罗丹和马约尔。

文艺复兴是继古代希腊之后，西方雕塑历史上达到的第二个高峰。在经过中世纪漫长的沉寂之后，从 15 世纪起，西方古典雕塑再一次奇峰凸现。在这之中，位于早期文艺复兴时期的多纳泰罗、委罗基奥都属于开风气之先的艺术家，他们的作品成为一部西方雕塑史甚至艺术史的参照坐标。

16 世纪，文艺复兴进入盛期，西方雕塑同样也进入盛期，高峰继续抬升。这时涌现出了米开朗琪罗与詹博洛尼亚这样顶尖并屈指可数的伟大雕塑家。像米开朗琪罗的《圣母怜子》《大卫》《罗马教皇尤利乌斯二世陵墓及摩西像》《米理安诺・美第奇陵墓及夜与昼》《洛伦佐・美第奇陵墓及暮与晨》，詹博洛尼亚的《掠夺萨宾妇女》等都是西方雕塑史无法绕开的经典作品，也是整个西方雕塑艺术的镇馆之宝。与此同时，意大利也将新的雕塑理念介绍到法国，法国就此起步。

巴洛克时期的雕塑与建筑一样辉煌。与米开朗琪罗相似，贝尼尼不仅擅长建筑，也擅长雕塑，他的《冥王普鲁托劫夺女神珀耳塞弗涅》

《阿波罗与达芙尼》《科尔纳罗礼拜堂祭坛》与《圣特雷莎的沉迷》同样是西方雕塑史上耀眼夺目的杰作，并深刻地影响了整整一个时代。这期间，法国雕塑家已经完全成长起来，如法尔孔奈，他不仅引导了洛可可风格，还成为俄罗斯的启蒙者。

18 世纪与 19 世纪，是新古典主义与浪漫主义的时代，这个时代的西方如日中天，绘画、音乐、知识、思想大家辈出，群星闪耀。就雕塑而言，这几乎是法国的世纪。乌东、卡诺瓦、吕德、卡尔波是这个时代最为杰出代表，他们的作品——《伏尔泰像》《普绪克被爱神厄洛斯唤醒》《马赛曲》《舞蹈》同样会被列为西方雕塑艺术中最优秀的成果。

19 世纪晚期，西方古典雕塑艺术终于步入生命的最后阶段，由此直到 20 世纪初，与建筑以及绘画、音乐一样，已属于古典的余波。罗丹是这个时期的象征性人物，《青铜时代》《思想者》《加莱义民》《巴尔扎克像》等作品的大名如雷贯耳。马约尔可以视作整个西方古典雕塑历史的终结，他的《河流》引导西方雕塑踏进一条全新的河流。

◦16◦

约 1400 年—约 1500 年

文艺复兴早期雕塑——始于多纳泰罗

背　景

文艺复兴是继古代希腊之后，西方雕塑历史上的第二个高峰。与中世纪雕塑不同，文艺复兴的雕塑是人文主义的，旨在突破教会禁欲主义的束缚，充分表达人性；尤其是它卸去冗装，大胆表现人体，特别是裸露的人体。显然，这在很大程度上回到了古代希腊的传统，但又有所不同，因为希腊雕塑很大程度是以神的名义，而文艺复兴的雕塑则是逐渐开始集合在人的旗帜之下，完全展现人的本来面貌。事实上，在这面伟大旗帜下集合起来的不仅有雕塑，还有绘画。自然，与古代希腊一样，文艺复兴时期涌现出一大批才华横溢、成就卓著的雕塑大师，这包括吉贝尔蒂、多纳泰罗、波拉约洛、委罗基奥、米开朗琪罗、切利尼、詹博洛尼亚以及法国雕塑家古戎等。本讲首先考察文艺复兴早期，它大致指 1400 年—1500 年这段时间。与绘画和建筑一样，文艺复兴，或者说中世纪之后脱胎换骨的雕塑正是在这段时间起步。值得说明的是，通常讲早期文艺复兴的雕塑会从多纳泰罗开始，他被认为是文艺复兴雕塑的起始性人物。但我们务必知道，多纳泰罗尽管非常重要，然而，在文艺复兴雕塑的起点上并不是仅有多纳泰罗一人，还有南尼·迪·班科（Nanni di Banco），代表作品是《四位桂冠圣徒》（佛罗伦萨奥尔圣米迦勒教堂）；洛伦佐·吉贝尔蒂（Lorenzo Ghiberti），代表作品是《天堂之门》（佛罗伦萨大教堂洗礼堂东门）镀金浮雕；除此之外或许还应算上菲利波·布鲁内莱斯基，这在文艺复兴建筑部分我们已有考察。

欣赏作品

文艺复兴的起点

16-1　多纳泰罗

《圣马可》，约1411年—1413年（图251）

《圣乔治》，约1415年—1417年（图252）

《大卫像》，约1440年—1443年（图253）

《加塔梅拉塔骑马像》，1445年—1450年（图254）

16-2　波拉约洛

《赫拉克勒斯与安泰乌斯》，约1470年（图255）

16-3　委罗基奥

《大卫像》，约1475年（图256）

《科莱奥尼骑马像》，1480年—1495年（图257）

作品简介

文艺复兴的起点　文艺复兴雕塑的起点在15世纪初及整个上半

世纪，多纳泰罗是其中最具代表性的人物，此外，波拉约洛和委罗基奥也是文艺复兴早期雕塑的代表。

多纳泰罗　多纳泰罗（Donatello）通常被认为是文艺复兴早期最具代表性的雕塑大师，据说他曾做过吉贝尔蒂的助手。《加德纳艺术通史》中这样赞美道："多纳泰罗从罗马人的高贵品德和优美形式中获取人文主义的养料。他的伟大之处在于他的多样性和深刻性。他通过多种多样的主题来表现人类经验，并且通过多种多样的风格和一种前所未有的深度和力量来表现这些主题。"并称"多纳泰罗在探索自然主义的道路上开创了伟大的幻觉主义和理想主义风格"（第461页）。我的感受是：尽管如第10讲所见，在13世纪法国夏特尔主教堂南袖廊圣徒西奥多雕像和德国瑙姆堡主教堂乌塔夫妇雕像那里，我们已经可以看到人体与人性的复苏，但正是在多纳泰罗这里，我看到了真正意义上的人！

《圣马可》　雕像位于壁龛之中，大理石材质，高236厘米。圣马可目光深邃，神色坚毅；长长的须髯透露着智慧，也满含着信心；左手执书，右手下垂，身体姿态放松，衣袍褶皱逼真，一切都是那么自然。它显示这一时期的雕塑已经完全走出中世纪的阴影，摆脱了宗教观念的程式化理解。总之，这时的人已彻底苏醒过来，而这要归功于多纳泰罗对人文主义的深切领会以及点石成金的非凡技巧！

《圣乔治》　雕像同样位于壁龛之中，大理石材质，高209厘米。圣乔治身着甲胄，肩系披巾，左手护盾，右手握拳；他相貌年轻，英俊威武，目光如炬，意志坚定，对战斗充满必胜的信念。其实，从《圣马可》和《圣乔治》这两尊雕像中我们看到了多纳泰罗对人文主义名下不同高贵品质的刻画，前者主要表现睿智，后者主要表现勇敢，我也因此想到中国圣人孔子对仁、智、勇这类德行的赞美。

《大卫像》 根据《圣经·旧约》，非利士巨人歌利亚身高八尺，虎背熊腰，以色列军队与之交锋屡战屡败；最后，大卫凭借自己的机智，用弹石将歌利亚击晕，并割下其头颅。多纳泰罗这件雕像为青铜材质，高 158 厘米。原本是为美第奇宅邸庭院所作，是古罗马时代结束后第一件裸体雕像，同时它也开创了大卫裸体形象的先河。作品中的大卫牧童装束，青春洋溢，完全是一个美少年模样；你看他长发披肩，赤身裸体，左手叉腰，右手执剑，脚踩被割下的歌利亚头颅，姿态优雅，但也有些许倦怠慵懒；雕像中大卫身体呈 S 形，曲线柔和，甚或带有些许女性特征，一如古希腊普拉克西特列斯的风格。《詹森艺术史》中指出《大卫像》是文艺复兴时期最具争议的作品之一。多纳泰罗究竟是想表现英雄，还是想表现情色呢？当然，更多的评论认为它传递了人文主义的理念。多纳泰罗其他重要的人体雕塑还有《抹大拉的玛丽亚》，高 188 厘米，为着色木雕。

《加塔梅拉塔骑马像》 雕像为纪念威尼斯刚去世的军队指挥官加塔梅拉塔而作，青铜材质，高 340 厘米，大理石底座，立于意大利帕多瓦圣安东尼广场。加塔梅拉塔全身盔甲，坐骑体形健壮。雕像甫一落成，就受到人们赞誉：加塔梅拉塔“威严地骑在马上，就像得胜的恺撒”。不过我倒是觉得多纳泰罗其实并没有刻意强调英雄主题，而是对加塔梅拉塔的恪尽职守平铺直叙，你看人马形象都气定神闲，轻松自然，就如同正在广场或街道漫步巡行。

波拉约洛 波拉约洛全名安东尼奥·波拉约洛（Antonio Pollaiuolo），曾是金银工匠，后为多纳泰罗与另一位雕塑家加斯比奥的学生，他多才多艺，绘画、雕塑样样精通，素描功力深厚，尤其善于表现激烈动作中的人体形象，这与他深谙解剖知识密切相关。

《赫拉克勒斯与安泰乌斯》 雕塑为青铜材质，不大，高46厘米。取材于希腊神话，表现了大力士赫拉克勒斯与巨人安泰乌斯之间的殊死搏斗。根据传说，安泰乌斯是地母该亚的儿子，曾击败所有对手，直到遭遇赫拉克勒斯。由于安泰乌斯是地母之子，因此只要足踏大地就可以汲取无穷的力量，于是为了使安泰乌斯无法从大地汲取力量，赫拉克勒斯必须将他托举起来，离开地面。波拉约洛的雕塑生动地刻画了这一打斗情景：赫拉克勒斯身体后倾，竭尽全力；安泰乌斯离开地面，拼命挣扎；二者动作剧烈，肌肉暴突。整件雕塑紧张刺激，却又高度平衡，充分展示了波拉约洛准确的人体解剖知识以及无与伦比的动态节奏感。

委罗基奥 委罗基奥的全名是安德烈亚·德尔·委罗基奥（Andrea del Verrocchio），画家兼雕塑家，熟悉金银制作，还精通音乐与工程建造，曾师从多纳泰罗。1467年因接受美第奇家族订货而声名鹊起，其工作室遂成为佛罗伦萨的艺术中心，吸引众多学生，其中最著名的有波提切利和达·芬奇。

《大卫像》 这尊雕像是受洛伦佐·美第奇的委托制作，毫无疑问，这是一项艰巨的任务，因为多纳泰罗已有一尊大卫像且获得了极高声誉，为此委罗基奥必须赋予大卫新的解释。雕像同样为青铜材质，高126厘米。大卫被塑造成少年武士形象，他身着无袖皮上衣和短裙，手握一柄利剑；没有强壮的体格，但女性特征或柔性曲线明显褪去；虽稚气未脱，却目光坚定，英气逼人，充满自信；优美的肌肉和威严的姿势都强调了理想中的人性力量，脚边是被割下的歌利亚的巨大头颅。显然，相比多纳泰罗的大卫，委罗基奥的大卫更加强调英雄气质。委罗基奥这尊大卫像同样获得巨大成功，并常常与多纳泰罗的大卫像相提并论。委罗基奥另有一件雕塑作品《多马的疑惑》同样出色，青铜材质，基督高 230 厘米，多马高 200 厘米，其中对衣服褶皱的处理到了出神入化的境界，令米开朗琪罗赞叹不已。

《科莱奥尼骑马像》 科莱奥尼也是军队指挥官，雕像为镀金青铜，高 395 厘米。与加塔梅拉塔相比，科莱奥尼似乎更具有英雄气质：他身姿挺立，左肩前倾，两腿笔直，眉头紧锁，怒目圆睁，嘴角紧绷，坚毅、高傲、果断、威严的性格一目了然，甚至有着一副不屑一顾和目空一切的暴戾神情。《加德纳艺术通史》中这样比较加塔梅拉塔和科莱奥尼：马基雅弗利在他的著作《君主论》中写道，一个成功的统治者应该是狮子与狐狸的完美结合。多纳泰罗的《加塔梅拉塔》似乎有点像后者，而委罗基奥的《科莱奥尼》则更像前者。

·17·

约 1500 年—约 1600 年

文艺复兴盛期与矫饰主义雕塑——从米开朗琪罗到詹博洛尼亚

背 景

学术界通常将 15 世纪视作文艺复兴早期，而将 16 世纪视作文艺复兴盛期。这是一个大家辈出的年代，同时，社会取得巨大进步，人文主义旗帜高高飘扬。一般来说，人们对这一时期的伟大画家及作品有更多的了解，包括达·芬奇、米开朗琪罗、拉斐尔、乔尔乔内、提香等；但事实上，这一时期的雕塑领域同样是群星荟萃。如前所述，他们当中有米开朗琪罗、切利尼、詹博洛尼亚以及法国雕塑家古戎等。其中，米开朗琪罗是一个集画家和雕塑家于一身的“两栖”天才，如再考虑其建筑成就，那更是“三栖”的。有意思的是，我在《加德纳艺术通史》上看到达·芬奇与米开朗琪罗关于绘画与雕塑优劣的各自看法，我想这两位伟人的看法在很大程度上或许也正代表了文艺复兴盛期人们的普遍看法，在此择录于下。达·芬奇说：“绘画是一件需要更多思考和更多技巧的事情，它比雕塑更加神奇。”“（绘画）这种艺术由自身包含的所有可见因素组成，比如色彩；但即使我们将这些因素减到最弱，也是雕塑所无法比拟的。绘画可以表现透明的物体，但是雕塑家只能毫无技巧地向你展示自然界物体的形状。”米开朗琪罗说：“我过去认为雕塑是绘画的明灯，二者之间的区别就像太阳和月亮的区别一样。但是……现在我认为绘画和雕塑是一回事……”“因此，两者（绘画和雕塑）都需要同样的能力，……把那些争论抛在一边吧。”（第508页）不知道是否是因为达·芬奇更擅长绘画，故对雕塑有所轻视；米开朗琪罗则对两种艺术都擅长，因此也就显得更加公允。而我既爱达·芬奇，爱他的绘画；也爱米开朗琪罗，爱他的绘画和雕塑。

欣赏作品

文艺复兴盛期

17-1　米开朗琪罗

《圣母怜子》，也称《哀悼基督》，1498年—1499年（图258）

《大卫》，1501年—1504年（图259）

《罗马教皇尤利乌斯二世陵墓之摩西像》，1513年—1515年（图260）

《垂死的奴隶》与《被缚的奴隶》，1516年（图261）

《朱理安诺·美第奇陵墓及夜（女）与昼（男）》和《洛伦佐·美第奇陵墓及暮（男）与晨（女）》，1520年—1534年（图262、263）

矫饰主义

17-2　切利尼

《弗朗索瓦一世盐瓶》，1532 年—1534 年（图 264）

17-3　普利马提乔

《埃唐普公爵夫人房间浮雕》，1541 年—1545 年（图 265）

17-4　让 · 古戎

《纯真之泉山林水泽仙女浮雕》，1547 年—1549 年（图 266）

17-5　阿玛纳蒂

《海神尼普顿喷泉》，1559 年—1575 年（图 267）

17-6　詹博洛尼亚

《战胜比萨的佛罗伦萨》，1570 年（图 268）

《信使墨丘利》，1580 年（图 269）

《掠夺萨宾妇女》，1583 年（图 270）

作品简介

文艺复兴盛期　意大利 16 世纪艺术家暨艺术史家瓦萨里认为，15 世纪 90 年代到 16 世纪 20 年代的艺术活动堪称艺术家的典范，这段时期被称为文艺复兴盛期。在这段时间涌现出来一大批伟大的艺术家，如前所见，有画家达・芬奇、米开朗琪罗、拉斐尔、乔尔乔内、提香，另外还有建筑家布拉曼特。其中米开朗琪罗则不只是画家，同时也是雕塑家和建筑家。

米开朗琪罗　米开朗琪罗全名很长，在前文已有介绍。据说他出生不久生母就离世，米开朗琪罗是由一位石匠的妻子哺育长大的。也因此，米开朗琪罗从小便跟随工匠们一起生活训练。他 13 岁时进入多梅尼科·吉兰达约（Domenico Ghirlandajo）的作坊当学徒。其间，米开朗琪罗一定学到了许多技法，但显然他与老师的艺术观存在分歧，故三年后离开。三十岁时，他已被公认为最杰出的大师，可与达·芬奇一较高下。不过，与达·芬奇不同的是，米开朗琪罗在绘画、雕塑以及建筑这三个领域均取得非凡的成就，就此而言，恐怕无人能望其项背。我们在这里欣赏他的 6 件雕塑作品。

《圣母怜子》 也称《哀悼基督》，大理石材质，高 174 厘米。这是 1498 年，米开朗琪罗在罗马接受法国枢机主教的委托，为附属于圣彼得大教堂的墓葬礼拜堂雕刻的一尊塑像。基督身体绵软，圣母眉目低垂，但金字塔构图稳定坚实；米开朗琪罗雕刻技艺娴熟，人物解剖合理，衣袍褶皱更是刻得十分逼真，冰冷的大理石已经被召唤出生命，真是出神入化；年轻的圣母与成年的基督，这一形象实际隐喻了圣母与圣婴的题材；这是诀别的时刻，但米开朗琪罗并未刻意强调哀恸，而是向人们展示一种超然的平静，按照我们的用语，就是基督死得其所。米开朗琪罗将自己的名字刻在圣母的肩带上，是年艺术家只有 24 岁，真可谓“一战成名”。

《大卫》 作品为大理石像，高 434 厘米。我们已经在上一讲看过多纳泰罗的《大卫像》和委罗基奥的《大卫像》，这两件雕塑作品选取的都是歌利亚的头颅被割下后弃置于地的场景，这意味着战斗已经结束。然而米开朗琪罗没有采用这一“公式”。他塑造的大卫体格健壮，肌肉紧绷；左臂上举，握住搭在肩头的投石器；右手自然下垂，但坚定有力；眉宇紧锁，眼神中透露出逼人的英气；你不知道战斗是否已经结束，但从手搭投石器的动作看，这是一个将要投入战斗的大卫，或者说是一个将要投入战斗的勇士！正如《加德纳艺术通史》所形容的：“年轻英雄的身体就像一张拉满的弓——每一根凸出的血管，每一块绷紧的肌肉似乎都在强调他的状态，一触即发。”我觉得米开朗琪罗的这一创意更好。因为英雄不在于输赢，而只在于战斗！一个即将投入战斗的勇士比一个已经获得胜利的英雄有着更多的无畏和凛然，也更让人产生一份悲壮的敬意，这是一个真正的巨人，而佛罗伦萨人正是将《大卫》称作“巨人”！普遍认为这件雕塑是西方雕塑史或美术史上最值得夸耀的男性裸体雕像。也正是由于它的巨大成功，当时佛罗伦萨市政府决定将其放置在市政厅韦基奥宫正门前，事实上，大卫也被当作佛罗伦萨共和国的英雄，这也是这个题材一再在佛罗伦萨受到热捧的原因。现在，出于保护的目的，《大卫》已经移至佛罗伦萨艺术学院美术馆，市政厅广场上的是一件仿制品。很遗憾，那年去佛罗伦萨未能去艺术学院，因此看到的只是仿制品，下次一定会带着朝圣的心情去看原件。而且据查实，米开朗琪罗的《圣·马修像》《苏醒的囚徒》等作品也在这个美术馆。

《罗马教皇尤利乌斯二世陵墓之摩西像》 1505年，米开朗琪罗接受教皇尤利乌斯二世的委托，为教皇设计陵墓。中国有句俗话，人怕出名猪怕壮！布拉曼特就因为坦比哀多小神殿的设计给教皇留下深刻印象，所以被委以建造圣彼得大教堂的重任，米开朗琪罗也是，由于《圣母怜子》和《大卫》都太过出色，所以教皇便看中了他为自己修建陵墓。据说尤利乌斯二世生性喜怒无常，出尔反尔，米开朗琪罗忍无可忍，曾一气之下逃回佛罗伦萨，谁知教皇“法力无边”，竟动用武力逼迫佛罗伦萨做出让步，劝说米开朗琪罗返归罗马。中断的工作得以于1508年重启，但现在看到的这个陵墓已非米开朗琪罗最初的设计。摩西像位于尤利乌斯二世陵墓整个雕像群的底部中间位置，想必这个位置是尤利乌斯二世的意愿。雕像为大理石材质，高255厘米。摩西有着健壮的体魄和发达的肌肉，头顶一对犄角为“神”的标志，这完全符合人们对巨人的想象；右臂怀抱刻有“十诫”的石板，左手捻着长髯；脸转向一侧，神态既深沉，又警觉；而当听闻亚伦膜拜金牛犊后立刻怒火中烧，血管贲张，青筋暴突。这是一个具有雄才大略的王者形象。当然，作为陵墓最主要的雕像，其中的隐喻一望而知。教皇虽说代表了神的旨意，可说到底还是一个凡人。

《垂死的奴隶》与《被缚的奴隶》 均由大理石制作，前者高 229 厘米，后者高 215 厘米。这两件雕塑原本也是尤利乌斯二世陵墓雕像群的组成部分。从罗马到中世纪，统治者都有在墓前立奴隶像以证明自己权威的传统，这两件雕塑也是同样的目的。但在米开朗琪罗的手中，奴隶被雕刻成渴求获得自由而试图抗争的壮汉，是“渴求获得自由的奴隶”。这不正是米开朗琪罗内心世界的真实写照吗？被教皇呼来唤去，随意差使，丝毫得不到尊重！不过最终完成的尤利乌斯二世陵墓雕像群并不包括这两件雕塑，是教皇觉察到了这两个奴隶有了“自由的渴望”？现在这两件作品都保存在卢浮宫，它们不用再证明教皇的权威，而只证明了艺术的伟大。我们这里看到的是《被缚的奴隶》，好在在卢浮宫，它们是被放在一起的。

《朱理安诺·美第奇陵墓及夜（女）与昼（男）》和《洛伦佐·美第奇陵墓及暮（男）与晨（女）》 尤利乌斯二世去世后，米开朗琪罗应召为出身于美第奇家族的教皇利奥十世和克莱蒙七世服务，在佛罗伦萨圣洛伦佐教堂为美第奇家族的内穆尔公爵朱理安诺（Giuliano）和乌尔比诺公爵洛伦佐（Lorenzo）建造陵墓，他们分别是“豪华者”洛伦佐·德·美第奇（Lorenzo de Medici）的儿子和孙子。米开朗琪罗设计的陵墓为正方形内厅，四壁为白色墙垣，中央一面为祭坛，两侧即是陵墓。朱理安诺陵墓有朱理安诺的雕像及夜（女）与昼（男）两尊雕像；洛伦佐陵墓有洛伦佐雕像及暮（男）与晨（女）两尊雕像，均为大理石制作。其中朱理安诺高 173 厘米，洛伦佐高 178 厘米，二者均是武士装扮，或坚定刚毅，或文静睿智，这分别代表着人类的两种美德：行动与思考。《夜》《昼》《暮》《晨》则象征着时光的流逝和宇宙或生命的循环。其中《夜》是女性，正在沉睡，脚下的猫头鹰象征黑暗，枕后的面具则象征梦魇，极富诗意；《昼》是男性，浓密的胡须遮住了脸颊，蓦然回首，一脸惊惧，不知所措；《暮》是男性，已现老态，肌肉松弛，正辗转反侧，陷于苦闷之中；《晨》是女性，结实丰满，似刚从睡梦中苏醒，优美的形体散发着迷人的青春活力。罗曼·罗兰的《米开朗琪罗传》（傅雷译）中记载了这样一则动人传说。佛罗伦萨诗人乔凡尼·巴蒂斯塔·斯特罗茨看了《夜》后在诗中写道："夜，为你所看到妩媚的睡着的夜，那是受天使点化过的一块活的石头；她睡着，但她具有生命的火焰，只要叫她醒来，她将与你说话。"米开朗琪罗读后作答道："睡眠是甜蜜的，成为顽石更幸福；只要世上还有罪恶和耻辱，不见不闻，不知不觉，于我是最大的快乐；不要叫醒我！讲得轻些。"需要提示的是，这里离佛罗伦萨主教堂即圣母百花教堂不远，也就六七分钟路程。

矫饰主义 即风格主义，也称样式主义，这是出现在文艺复兴后期的一种具有夸张特征的艺术风格，我们在《西方古典绘画入门》中已有过接触，代表画家有柯勒乔、帕米贾尼诺和布隆奇诺，而雕塑活动中则有切利尼和詹博洛尼亚等。

切利尼 全名贝维多·切利尼（Benvenuto Cellini），意大利人，曾是佛罗伦萨的金匠兼雕塑家，1540 年应法王弗朗索瓦一世之邀赴法，留下许多精美的工艺雕塑品，是枫丹白露派代表人物。晚年被宫廷冷落，遂将精力用于美术理论，提出了多视角欣赏作品的重要思想，这一思想后来为詹博洛尼亚所实践。又一说他的声望主要来自多姿多彩的自传。

《弗朗索瓦一世盐瓶》 作品由黄金、乌木制成，26 厘米 ×33.5 厘米。上面有两个古罗马神话形象：一个是海神尼普顿，主调味用盐；另一个是谷神刻瑞斯，主调味胡椒粉。虽然作品尺寸不大，然而切利尼的金属雕刻技艺精湛无比，人物栩栩如生，尽显宫廷奢华之美。据说这也是切利尼唯一存世的金属作品，可谓名闻遐迩，但竟然于 2003 年被盗，又据说最近已失而复得。切利尼的重要作品还有收藏于巴黎卢浮宫的《枫丹白露的狄安娜》。

普利马提乔 全名弗朗西斯科·普利马提乔（Francesco Primaticcio），也是意大利人，同样受弗朗索瓦一世之召到枫丹白露，并曾担任枫丹白露宫的总设计师。

《埃唐普公爵夫人房间浮雕》 灰泥制作。从这件浮雕中我们可以看到普利马提乔的艺术风格深受矫饰主义画家帕米贾尼诺的影响，人物形体修长，《詹森艺术史》用"垂柳般柔美"来形容。的确，那年去枫丹白露，这就是最引人注目的作品之一。对此，《加德纳艺术通史》中写道："将绘画、壁画、仿马赛克、浅浮雕和高浮雕等石膏装饰通通结合在一起，导致各装饰元素在比例与材质上的断裂——被压缩的空间、拉长的优雅、风格化的姿势，这些都是典型的样式主义风格。"（第567页）

让·古戎 让·古戎（Jean Goujon）是法国雕塑家，诺曼底人。1540年在里昂工作，1544年到巴黎工作。1547年起担任国王御用雕刻师，期间，他与建筑师皮埃尔·莱斯科共同负责卢浮宫项目，主要承担装饰工程。作品深受意大利人文主义的影响，以浮雕最为出色。除古戎之外，稍晚些时候，法国还有一位雕塑家皮隆（Germain Pilon）也颇具声望，从作品看他应当受到普利马提乔的影响。

《纯真之泉山林水泽仙女浮雕》 雕塑原属于巴黎纯真之泉，现已拆，存于卢浮宫。古戎刻画的正在汲水的山林水泽仙女，体态轻盈，身形柔媚，个个婀娜多姿，充满着活力和节奏感。古戎技艺精湛，浮雕呈狭长的竖条状，人物被分别安排其中，但却毫无局促感。它被认为是法国文艺复兴时期最具里程碑意义的作品，因此也有学者将古戎看作法国文艺复兴艺术的开创性人物（前面看到的为法王弗朗索瓦一世服务的切利尼和普利马提乔都是意大利人）。除此之外，古戎的重要作品还包括《哀悼基督》《女像柱》等，均收藏于巴黎卢浮宫。值得一提的是，卢浮宫中收藏有一件《女神狄安娜与雄鹿》，雕像非常精美，或说为古戎的作品，又说为皮隆的作品。但不管作者是谁，其具有典型的枫丹白露风格是肯定的。

阿玛纳蒂 全名巴托洛梅·阿玛纳蒂（Bartolommeo Ammannati），《海神尼普顿喷泉》的制作者。

《海神尼普顿喷泉》 这是一座组雕，由大理石和青铜制成，其中海神高 560 厘米，坐落于意大利佛罗伦萨的市政厅广场，韦基奥宫的前面，与米开朗琪罗的《大卫像》毗邻而居。它是 1565 年弗朗切斯科一世·德·美第奇与奥地利安妮公主的结婚礼物，据说为此在切利尼、阿玛纳蒂和詹博洛尼亚之间还有过一番激烈的竞争，最终是因为米开朗琪罗和瓦萨里提名阿玛纳蒂才有了结果。米开朗琪罗和瓦萨里提名阿玛纳蒂的理由很简单——他是一名好石匠。我们看到喷泉呈八角形，海神尼普顿站立在喷泉中央由四匹马托举起的底座上。据说海神的面孔很像科西莫一世，这象征着佛罗伦萨所拥有的海上统治权。四围许多青铜雕塑是后来添加的，矫饰主义特征十分明显。不过据说佛罗伦萨市民并不赏识这件作品，还嘲笑雕塑家糟蹋了太多的大理石，这或许也影响了这件雕像日后的结局。想当年，海神与大卫一起并列于广场，以他们的精神照耀和拱卫着这座城市，也算是有一份兄弟之谊，手足之情；如今，《大卫》早已“躲进”佛罗伦萨艺术学院的美术馆，在恒湿恒温的安乐窝颐享天年，而原地只留下一件替代品；可怜的《海神》却仍“坚守阵地”，在市政厅广场上栉风沐雨（一说这座塑像也是19世纪的复制品，原作保存在国家博物馆。至于是否为佛罗伦萨巴杰罗国家博物馆却无法查证）。这不能不让人感叹，艺术品其实也与人一样，命运千差万别。

詹博洛尼亚 亦称乔瓦尼·博洛尼亚（Giovanni Bologna），本为法国北部杜埃人，原名是让·德·博洛涅（Jean de Bologne）。1555年，他在罗马深造期间受到米开朗琪罗以及希腊化时期雕塑的影响，于1557年定居佛罗伦萨，并逐渐成为美第奇家族的御用雕塑师，进而在整个欧洲产生重大影响。在得到美第奇家族的委任后，詹博洛尼亚也为自己取了意大利名字。詹博洛尼亚是矫饰主义风格的代表性雕塑家，是米开朗琪罗与贝尼尼之间的一位极其重要的雕塑家——通过矫饰风格架起文艺复兴盛期和巴洛克之间的桥梁。

《战胜比萨的佛罗伦萨》 亦名“善战胜恶”。作品为大理石材质，高282厘米。丰满的裸体女性象征着健康和美善的佛罗伦萨，被擒拿的老者则象征比萨，由此我们不难看出当时不同城市之间的相互竞争。雕像采用打磨法，光感十足，尽显矫饰主义的“特技”。其实我觉得詹博洛尼亚的这件雕塑很有可能是受到米开朗琪罗《获胜》（现收藏于佛罗伦萨韦基奥宫）的启发。

《信使墨丘利》 雕像为青铜，高187厘米。墨丘利是罗马人的叫法，希腊人叫赫尔墨斯（我们在波利切利的《春》中已经看到过，他是画面左半边紧挨美惠三女神的最边上那位宙斯之子，司商业、交通、畜牧以及竞技和演说。由于身轻如燕，疾走如飞，因此亦称信使）。我们看到詹博洛尼亚就将墨丘利塑造成飞翔的姿态，他体态轻灵，左手执杖，右手指天，形象健康，充满青春活力，令人悦目，其实这也正是文艺复兴时期佛罗伦萨、罗马乃至整个意大利精神的真实概括。此外，我还看到一件荷兰雕塑家约翰·格雷格尔·范德沙尔特创作的《信使墨丘利》（现收藏于美国洛杉矶保罗·盖蒂博物馆），与詹博洛尼亚这件作品在时间、风格上都非常近似。

《掠夺萨宾妇女》 作品为大理石材质，高410厘米。这是西方历史上流传甚广的罗马人劫夺他们邻居萨宾人妻子的故事，我们在《西方古典绘画入门》中已经了解到法国画家普桑和大卫都有这一题材的画作，詹博洛尼亚则通过雕塑来展现。但也有一种说法，詹博洛尼亚在创作这件雕塑时其实并没有任何明确想法，只是在完成之后接受了他人的建议取了此名。我们看到下方的老者支撑于地，正目睹恐怖事件的发生；中间的罗马男子构成雕塑主干，他身躯强壮，肌肉有力，紧紧抱住掠夺到手的猎物；上方便是被劫持的萨宾妇女，她面露惊惧，正在做拼命但却无力的挣扎；三具人体位于一条中轴线上，相互穿插和盘绕，构成螺旋上升的图景，不过又好像在做舞蹈排练。值得注意的是，这件雕塑并不是单侧面向观者的，而是具有多重视点，也就是说，观者只有围绕它欣赏，才能领略不同的感受。这可以说是实践切利尼多视角欣赏作品理论的经典之作。除此之外，詹博洛尼亚还有一件作品《大力士宰杀菲力斯人》（现收藏于英国伦敦维多利亚和艾伯特博物馆）同样非常著名。

18

约 1600 年—约 1780 年

巴洛克与洛可可风格雕塑——贝尼尼及其影响

背 景

巴洛克与洛可可这两种风格，我们已经反复接触过了，因此这里不再对巴洛克与洛可可风格的概念加以解释，需要的话可以参考《西方古典绘画入门》相关内容。这里想要强调的是，正如在建筑这一部分所看到的，巴洛克与洛可可艺术在不少艺术通史中占有巨大的篇幅，例如《詹森艺术史》就展开为整整四章，真可谓洋洋洒洒。与此同时，和建筑一样，巴洛克与洛可可雕塑在西方艺术史中也占有十分重要的地位。我个人的感觉是：巴洛克及洛可可风格在雕塑（建筑也一样）中的重要性和丰富性要远远大于其在绘画中的重要性。历史上讲到巴洛克绘画，最经典的无外乎意大利的卡拉瓦乔、佛兰德斯的鲁本斯、西班牙的委拉斯开兹，以及高利、波佐等人的天顶画，这在文艺复兴之后的西方绘画史中谈不上巨作；但巴洛克雕塑却在文艺复兴以降的全部雕塑中占据着非常重要的地位，涌现出贝尼尼以及法国一众属于巴洛克风格的雕塑家，更何况在教堂中，还有那么多与建筑融为一体的雕塑作品。顺便一说，许多著述将伦勃朗和维米尔的作品都简单归为巴洛克，在我看来是不正确的。巴洛克绘画、雕塑以及装饰的一个重要目的就是向教徒宣教，也是向新教宣战，而伦勃朗和维米尔所在的荷兰本身就是新教国家，作为对立面的天主教巴洛克在新教自己的大地上“横行”，这说得通吗？还有，一些著述按时间顺序也将卢浮宫东立面放置在巴洛克阶段，这显然也是不准确的。前面已经讲过，卢浮宫东立面对古典主义情有所钟，这是两种不同的风格，也是两种不同的精神，总不能囫囵吞枣，说装在篮子里的就是菜吧。这正是以编年而非风格叙述艺术史会发生的尴尬，也是我用风格而非时间统摄各讲的理由。仅就本讲而言，我要说的是，巴洛克就是巴洛克，非巴洛克者留步！

欣赏作品

意大利巴洛克

18-1　贝尼尼

《冥王普鲁托劫夺女神珀耳塞弗涅》，1621 年—1622 年（图 271）

《阿波罗与达芙尼》，1622 年—1625 年（图 272）

科尔纳罗礼拜堂祭坛与《圣特雷莎的沉迷》，1645 年—1652 年（图 273）

《四河喷泉雕塑》，1647 年—1652 年（图 274）

18-2　萨尔维

《许愿泉雕塑》，1732 年—1762 年（图 275）

法国巴洛克

18-3　杰拉尔东

《太阳神阿波罗与仙女们》，1666 年—1672 年（图 276）

18-4　皮热

《克洛东的米伦》，1671 年—1682 年（图 277）

18-5　库斯图

《马夫制服惊马》，1739 年—1745 年（图 278）

德国巴洛克

18-6　阿萨姆

《圣母升天》，1722 年—1723 年（图 279）

洛可可

18-7　科拉蒂尼

《羞怯》，1749 年（图 280）

18-8　法尔孔奈

《小爱神》，亦称《吓唬人的爱神》，约 1757 年（图 281）

《花神福罗拉》，约 1770 年（图 282）

作品简介

意大利巴洛克　意大利巴洛克最主要的代表人物是贝尼尼，此外，尼科洛·萨尔维也留有重要作品。

贝尼尼　他是意大利巴洛克时期最重要且最具想象力的艺术家，并且对整个欧洲巴洛克及洛可可风格都产生着重要影响。《加德纳艺术通史》中也将他称作“这一时期最具代表性的灵魂性人物”。贝尼尼从小随父学艺，25 岁入职罗马教廷，先后服务了 8 位教皇。

与米开朗琪罗相似，贝尼尼也精通建筑，还爱好绘画、写剧本、舞台美术并具有导演的天分，真是多才多艺。他的雕塑技艺精湛、娴熟、流畅、光洁，富有贵族气；作品以展现强烈的动势和复杂的情绪见长，例如《冥王普鲁托劫夺女神珀耳塞弗涅》《阿波罗与达芙尼》《圣特雷莎的沉迷》；典型的巴洛克风格作品有圣彼得大教堂的华盖、环廊和维陶利亚圣玛丽亚教堂的科尔纳罗礼拜堂祭坛等。

《冥王普鲁托劫夺女神珀耳塞弗涅》 这是红衣主教博尔盖塞委托的作品，属于贝尼尼早期的杰作，大理石材质，高225厘米。内容取自古希腊神话，冥王普鲁托爱上了谷神之女珀耳塞弗涅，一日趁珀耳塞弗涅采花之际，强行将其掠走。之后，因宙斯的帮助，珀耳塞弗涅每年得以与母亲团圆一段时间，如此便有了四季的更迭和草木的枯荣。作品刻画了冥王的劫持以及少女的反抗，冲突中人物身体的力量、肌肉的紧张、内心的惊恐都得到生动的表现；尤其是一些细节，如珀耳塞弗涅脸上的泪珠，还有冥王，他紧紧搂住珀耳塞弗涅的腰和腿，由于用力过大使得珀耳塞弗涅柔软的肉体深深凹陷了进去，真是惟妙惟肖。雕像完成后博得了全罗马的赞誉。值得一提的是贝尼尼完成这件作品时年仅24岁，与米开朗琪罗完成《圣母怜子》时同岁。年少出英雄，此言真是不虚。

《阿波罗与达芙尼》 这件作品也是受博尔盖塞的委托而作，大理石材质，高243厘米。据传说，丘比特将一支可以点燃爱情的金箭射向太阳神阿波罗，同时将另一支拒绝爱情的铅箭射向河神之女达芙尼。陷入爱情的太阳神遂发狂似的追逐美丽的达芙尼，但达芙尼却不为所动，冷若冰霜。并且当阿波罗触摸到达芙尼时，达芙尼立刻化为了一棵月桂树，所以阿波罗一无所得，只得摘下月桂枝叶编成花冠戴在自己头上，这也是我们通常所看到的阿波罗形象。贝尼尼的作品就表现了这一情节。整件雕塑的线条柔美流畅，异常动人，据说这件作品将博尔盖塞也弄得神魂颠倒。另外，贝尼尼也有一件《大卫》，但与多纳泰罗、委罗基奥、米开朗琪罗等站立的《大卫》有所不同，表现了大卫在投掷石块的瞬间，身体猛烈扭转，动感十足。

科尔纳罗礼拜堂祭坛与《圣特雷莎的沉迷》 作品乃应科尔纳罗家族的委托。科尔纳罗礼拜堂附属于罗马维陶利亚圣玛丽亚教堂，全称是罗马维陶利亚圣玛丽亚教堂（或叫胜利圣母教堂）科尔纳罗礼拜堂祭坛（Cornaro Chapel，Church of Santa Maria della Vittoria），这个教堂离巴贝里尼宫不远，位于一个街角处，外面看上去很不起眼。但科尔纳罗礼拜堂在有些书中也被称作特雷莎小教堂，祭坛也相应被称作圣特雷莎祭坛。这个祭坛是巴洛克风格的典范。贝尼尼使用了五颜六色的大理石，色彩斑斓，金碧辉煌。其中雕塑为大理石材质，高 350 厘米。主人公特雷莎是 16 世纪西班牙的一位修女，年少时患有癫痫，每当发病时，就充满癫狂的幻想，后来特雷莎将种种幻觉记述下来，“我看见了持着金色长矛的天使，钢铁的长矛似乎燃烧着一簇火焰。他出现在我面前，一次一次地将它刺入我的心脏，穿透我的五脏六腑……剧烈的疼痛使我不禁呻吟……这种痛苦不是身体的痛苦，而是心灵的痛苦……这是灵魂与上帝之间爱的抚慰，如此甜蜜……”（自《大师雕塑 1000 例》）特雷莎称此是“欢乐并痛苦的一场昏厥”。看出来了吧，这其实就是思春啊，只是“对象”过于“宏伟”，“目标”过于“远大”！但日后教会还真用它来宣扬上帝的神迹及修女的忠贞，特雷莎被封为圣女并在民间形成广泛影响。贝尼尼的雕塑就再现了特雷莎昏迷时祈求爱欲的神态：圣女深深沉迷在幻想和狂喜中，身体松弛，四肢垂悬，双目轻合，嘴唇微启，神思恍惚，正享受着爱的抚慰；她腾云驾雾，圣光由顶部倾泻而下，爱神模样的小天使手握金箭，正无比温暖地将圣爱刺入特雷莎的心脏。《建筑的故事》中这样写道："戏院的追光洒落在圣坛上的时候，面对着这个身体扭曲的场景，尽管多少显得有点亵渎圣灵，你却会不由自主地联想到高级的色情文学。"但接着又说："它真的意味着色情吗？这是无法界定的，但是巴洛克无疑是我们所知西方建筑中最为世俗的形式。"的确，这个场景真是太戏剧化了，有着惊人的舞台效果，这自然得益于贝尼尼的编剧和导演经历，于是礼拜堂因这出神秘的戏剧而变成一个剧院。为此，贡布里希在《艺术发展史》中也这样评论道："一个北方参观者乍一看，可能会感到整个布局太容易使人联想到舞台效果了，这组群像的感情也太过分了。这当然是关系到趣味和所受的教育的问题，进行争论没有用处。但是，如果我们姑且承认完全有理由使用贝尼尼的祭坛那样的宗教艺术作品，去激起巴洛克风格的艺术家追求的那种强烈的喜悦和神秘的销魂之情，那么我们就不得不承认贝尼尼已经用巧妙的方式达到了这个目的。"除此之外，贝尼尼还有一件《圣路德维卡·阿尔贝托尼之死》，风格也很相似。

《四河喷泉雕塑》 作品由石料制成，位于意大利罗马纳沃那广场。四河据说分别是埃及的尼罗河、印度的恒河、欧洲的多瑙河以及南美的拉普拉塔河，代表着人类生活的四块大陆，贝尼尼用四个大理石人体雕像象征四河，中央有埃及式方尖碑。他的寓意十分清楚，就是天主教在四河即全世界的胜利。但这件作品中有些人体为贝尼尼学生所作，风格不够统一。纳沃那广场是游客在罗马的必到场所。

萨尔维 全名尼科洛·萨尔维（Nicola Solvi）。这位雕塑家没有太多的资料介绍，我们只知道他是巴洛克后期的一位雕塑家。

《许愿泉雕塑》 这座喷泉由教皇克莱蒙命尼科洛·萨尔维设

计，应当是罗马或意大利巴洛克雕塑的最后一件杰作。喷泉雕塑 1732 年动工，17 年后尼科洛·萨尔维去世，由尼科洛·潘尼尼（Nicola Pannini）接手并于 1762 年完成，历时共 30 年。喷泉左右对称，主体是海神，据说是由雕刻家伯拉奇（Bracci）所设计，一旁驭者吹着海螺拉着马车；雕像后面是海神宫，宫殿上的女神分别象征安乐和富足；雕塑与建筑巧妙结合，融为一体。喷泉占据了一个小广场，由于处在三条道路的交叉位置，它最初的名字是特雷维喷泉（Fontana di Trevi），即“三岔路”。又由于传说中“许愿”的美好功能，这座喷泉相比《四河喷泉》似乎更让旅游者欢喜和流连，因此也更加著名。当然它也与电影《罗马假日》有关，格里高利·派克与奥黛丽·赫本这两位影星无懈可击的完美演技使得这座名泉更加熠熠生辉。

法国巴洛克　意大利之外，尤以法国的巴洛克雕塑最为丰富，重要雕塑家包括杰拉尔东、蒂比、皮热、柯伊塞佛以及库斯多，但囿于限制，不可能对所有雕塑家都加以介绍。

杰拉尔东　全名弗朗索瓦·杰拉尔东（Francois Girardon），法国人，贝尼尼的学生，十分受法王路易十四的赏识，属于典型的宫廷艺术家。凡尔赛宫、卢浮宫都留有他的作品。

《太阳神阿波罗与仙女们》　作品为大理石材质，位于法国凡尔赛宫花园，刻画了一群西蒂斯的仙女正在侍候太阳神阿波罗沐浴。阿波罗端坐座椅之上，仙女们面容秀丽，姿态活泼。杰拉尔东刻工圆润，线条流畅。杰拉尔东的其他重要作品还有浮雕《沐浴的仙女们》和《枢机主教黎塞留墓雕》等。在凡尔赛宫参观时也可以看到另一位法国雕塑家蒂比的作品。蒂比全名让-巴斯蒂特·蒂比（Jean-Baptiste Tuby），他最重要的作品就是凡尔赛宫的《太阳神阿波罗喷泉雕塑》，位于宫苑中轴线号称“绿毯”的巨幅草坪与开阔的大运河之间，阿波罗驾驭马车巡天而行。在凡尔赛宫花园内还有著名的《四岛雕像》，青铜与黄金材质，其中《春之岛》的作者也是蒂比。

皮热　全名皮埃尔·皮热（Pierre Puget），也作普热或普戈，法国人。出生于石匠家庭，后前往意大利学习巴洛克艺术，21 岁时已经因绘画名扬意大利，之后转向雕塑。回法国后主要在马赛等地从事创作。他的作品构思奇特，充满激情与幻想，塑造手法夸张，表现出粗犷与奔放的特点。

《克洛东的米伦》　这是法国巴洛克风格最精彩的代表作之一，大理石材质，270 厘米 ×140 厘米 ×80 厘米。根据记载，克洛东的米伦是古代希腊奥林匹亚运动会上的英雄，曾多次赢得比赛，深受人们尊敬。一次在森林中漫步时，米伦突发奇想，打算测试一下自己的力量。他试图将一根树桩劈裂，然而十分不幸，他的手臂被树桩死死夹住，偏偏又遇到了饿狼，结果惨死。皮热的作品表现了这则故事，只是他用猛狮替代了饿狼，由此更加强化了冲突性。在雕塑中，米伦的手被树桩紧紧夹住，衣物一角也被树干挂住，浑身动弹不得；就在此时一只狮子猛扑上来，它一口咬住米伦的右手，利爪则深深嵌入米伦的大腿之中；米伦表情痛苦，面部肌肉抽搐变形，处于极度恐惧之中，并发出了绝望的呐喊。整件作品的气氛高度紧张，米伦扭曲的身体、凸起的肌肉、惊恐的表情，狮子粗壮有力的前爪，米伦的力量和狮子的力量都得到充分表现，再加之强有力的构图以及戏剧性的效果，这些都足以摄人心魄。据说当初这件作品被运抵凡尔赛时，人们为之震惊。我们看到，这其中的英雄与悲剧主题完全符合古典主义的审美原则，而激情的构思与夸张的手法则又是巴洛克的。皮热不露声色地将这两种品质结合在了一起。

库斯图 全名奎勒芒·库斯图（Guillaume Coustou），法国人。

《马夫制服惊马》 又称“马利的骏马”，大理石材质，340 厘米 ×284 厘米 ×127 厘米。马利位于巴黎西面 15 公里，路易十四时在这里修建了一所离宫。库斯图的这件雕刻就是为这座离宫的花园所作。塑像高耸：骏马姿态昂扬，鬃毛飞舞，它前蹄奋起，眼睛惊惧地看着马夫，企图挣脱控制；马夫站立骏马一侧，左腿蹬地，右腿弯曲，身体和手臂肌肉爆发，紧紧拽住缰绳。这无疑是刻画人马关系的一件杰作。法国大革命时期，马利宫遭受严重破坏，花园废弃。1794 年，这件雕塑被送至巴黎，安放在香榭丽舍大道尽头的协和广场。现在，协和广场上的已经为复制品，原作出于保护目的移入了卢浮宫。

德国巴洛克 德国的巴洛克风格雕塑家主要有黑尔曼以及阿萨姆兄弟。实际上，黑尔曼和阿萨姆兄弟的作品既是属于巴洛克的，也在一定程度上是属于洛可可的，这里我们看一件阿萨姆兄弟的作品。

阿萨姆兄弟 阿萨姆兄弟即科斯马斯·达米安·阿萨姆（Cosmas Damian Asam）与埃吉德·奎林·阿萨姆（Egid Quirin Asam）。二人一起到过罗马，为罗马巴洛克建筑充满幻想般的景观所震慑，并将这种风格带回德国，造就出更加充满幻想的景观。

《圣母升天》 我们在建筑的巴洛克一讲中已经见到过阿萨姆兄弟设计的位于雷根斯堡附近的韦尔登堡修道院和位于慕尼黑的圣约翰·尼波姆克教堂。《圣母升天》是阿萨姆兄弟共同设计的另一座教堂——罗尔修道院（Rohr，1718 年—1725 年）中的祭坛雕塑图景，由弟弟埃吉德·奎林·阿萨姆设计，材料为大理石和灰泥。这件雕塑作品实在惊人。《欧洲建筑纲要》中对这一祭坛雕塑图景同样做了生动的描述："许多真人般大小的圣徒塑像耸立在巴洛克大理石石棺周围，一群天使搀扶着圣母升天，走进一团色彩绚丽的云彩之中。"《加德纳艺术通史》中则分析道："巨大的雕塑看起来似乎没有什么重量，自然紧凑的构图被四散分解开来。阿萨姆掩饰了它的物质、功能、重量和触感，造成了人们眼前最神秘的幻象。"这其实是 18 世纪非常流行的艺术形式，雕塑与绘画、戏剧甚至音乐高度融合，"整个场景就像是一场歌剧"。

洛可可　其中包括科拉蒂尼、法尔孔奈和帕儒等雕塑家，但帕儒同时也已经具有新古典主义风格特征。

科拉蒂尼　全名安东尼奥·科拉蒂尼（Antonio Corradini），意大利人，尤擅长表现面纱和衣物的轻薄之感，作品的洛可可风格十分明显。

《羞怯》　或作《谦逊》（*Modesty*）。科拉蒂尼有许多件女子披轻薄面纱或轻薄衣物的出色雕像，面纱或衣物如同透明，呈现出脸部与身体的优美轮廓，雕刻技艺之细腻真是了得。例如《维斯泰贞女的半身像》，对面纱后面女子脸部与胸部的质感着力加以刻画；《蒙着面纱的女子》，面纱后面女子双目紧闭，但清晰可见，身着衣物的褶皱真实可信，透明纱巾下的女子胴体清晰可见，楚楚动人。作品保存于那不勒斯圣塞维罗礼拜堂（Cappella Sansevero），这个礼拜堂在老城区的一个小巷子里。该礼拜堂还有另外两件同样出色的作品，分别是《醒悟》（*The Disinchantment*）、《蒙着面纱的基督》（*Veiled Christ*）。

法尔孔奈　全名埃提昂-莫利斯·法尔孔奈（Etienne-Maurice Falconet），法国人，生于巴黎木匠家庭。曾师从雕塑家雷蒙，有资料说他既善于刻画青春活脱的肉体，也善于捕捉丰富细腻的情态。法尔孔奈最著名的作品是《彼得大帝纪念碑》，也称《青铜骑士》（1766年—1778年），立于俄罗斯圣彼得堡十二月党人广场，是应沙俄女皇叶卡捷琳娜二世之邀而作，历时12年完成。不过从洛可可的角度讲，这件作品或许并非十分典型。我们这里看他两件具有典型洛可可风格的作品。

《小爱神》 亦作《吓唬人的爱神》。大理石材质，高90厘米，收藏于卢浮宫。小爱神用手指抵住嘴唇，让大家不要出声，他要吓唬人了，可谓形象可爱，表情生动。

《花神福罗拉》 大理石材质，高32厘米，收藏于俄罗斯圣彼得堡冬宫博物馆。裸体少女肌肤光洁，容颜美艳姣好，身旁散落着盛开的花朵，有着美好的寓意。整件作品秀色可餐，芳香迷人。法尔孔奈类似的出色作品还有《浴女》《冬季》等。

·19·

约 1780 年—约 1870 年

古典主义与浪漫主义雕塑——卡诺瓦与卡尔波们的年代

背 景

18 世纪中叶发生于英国的工业革命，以及 18 世纪七八十年代发生于法国和美国的政治革命，极大地改变了西方世界的社会图景。整个 18 世纪，启蒙运动席卷英国、法国、德国以及大洋彼岸的美国，洛克、牛顿开其首，伏尔泰、卢梭、狄德罗紧随而至；加之同一时期海外贸易和殖民活动，由此自然地建立起全球意识。所有这些都在根本上改变着西方的世界观和价值观。社会开始加速发展，原有的田园面貌逐渐消失，王室或贵族的格局逐渐让位于更加平等和自由的观念。与此同时，文献、历史以及考古研究的进展也使得人们对古典希腊与罗马有了更丰富的认识，这又导致艺术进入一个全新的阶段，包括雕塑、绘画、建筑以及音乐在内的各门艺术大抵都是与社会、思想、文化发展节奏同步的。

关于古典主义与浪漫主义，我们也已经反复接触了。比如在《西方古典绘画入门》《西方古典音乐入门》，以及本书第三单元的建筑部分。不过，由于雕塑与绘画的亲缘性，我这里还是想引用《西方古典绘画入门》第 17 讲中的一段比较："古典主义注重结构，注重比例，注重素描，注重线条，注重形式美，并强调沉稳、宁静、庄重、肃穆以及和谐的基本价值取向；浪漫主义则更注重情感的表达，注重异域的风情，注重剧烈的动作或奔放的姿势，注重夸张的色彩，简言之，画面具有戏剧性。"这段比较对于雕塑来说也是大抵适用的。

在《加德纳艺术通史》中，本讲的内容分属于两章："思想启蒙运动及其遗产——18 世纪晚期到 19 世纪中期艺术"，其中包括洛可可、古典主义、浪漫主义；"现代主义的兴起——19 世纪晚期艺术"，卡尔波的作品延宕到这一章。在《詹森艺术史》中，对应本讲内容的有这样三章："启蒙时代的艺术：1750 年—1789 年"，涉及新古典主义和早期浪漫主义；"浪漫主义时代的艺术：1789 年—1848 年"；"实证主义时代：现实主义、印象主义与拉斐尔前派，1848 年—1885 年"，其中也包括卡尔波的作品。但我希望呈现更集中、更简约、更明确的标题和时间范围，所以将标题定为：古典主义与浪漫主义雕塑（约 1780 年—约 1870 年）。之所以这样处理，是因为通常法国雕塑家乌东会被视作古典主义雕塑的代表性人物，法国雕塑家卡尔波则会被视作浪漫主义雕塑的代表性人物，他们的代表性作品恰恰就是创作于 1780 年到 1870 年之间的。此外，如前一讲所说，法尔孔奈的作品一般被归在巴洛克与洛可可之列，与后期印象派同时代的罗丹毫无疑问又应作为另一个阶段加以对待。这可以说是将 1780 年—1870 年作为一个阶段加以单独考察的基本理由。

那么，如果从西方艺术史的完整面貌或视野来看，这一时期雕塑与其他各门艺术的对应性又是怎样的呢？或许做这样一番比较考察同样是十分有趣的。就绘画而言，其最初大致与门格斯、大卫、考夫曼同期，对应于《西方古典绘画入门》，即书中的“第14讲：大卫：新古典主义步入盛期”，之后所涉及的包括“第16讲：安格尔：新古典主义的巅峰”“第17讲：德拉克洛瓦与浪漫主义的登场”“第18讲：以布格罗为代表的法国学院派艺术”“第20讲：以莱顿为代表的英国学院派艺术”。在建筑方面，如前面14讲所述，1670年到19世纪中叶大抵是新古典主义时期。通过以上对比我们会发现，在建筑活动中，新古典主义开始的时间更早，持续的时间更长；在绘画活动中，参与的画家和创作的作品则更多。或许我们还可以将同一时期的音乐拉进来，包括古典主义与浪漫主义，那么它将会涉及古典时期的海顿、莫扎特、贝多芬、韦伯、舒伯特，浪漫前期的柏辽兹、门德尔松、肖邦、舒曼、李斯特、瓦格纳、奥芬巴赫、古诺，浪漫中后期的布鲁克纳、约翰·施特劳斯、勃拉姆斯等人。短短一个世纪里，不同领域中涌现出那么多杰出的天才的人们，这是一个多么辉煌的年代！真是如日中天，群星闪耀！

欣赏作品

古典主义雕塑

19-1　乌东

《伏尔泰像》，1781年（图283）

《寒冬》，亦称《冬天的化身》，1783年（图284）

19-2　卡诺瓦

《普绪克被爱神厄洛斯唤醒》，亦称《厄洛斯之吻》，1787年—1793年（图285）

《扮成维纳斯的保琳·波拿巴》，1805年—1808年（图286）

19-3 托瓦尔森

《拿着金羊毛的伊阿宋》，1802 年—1828 年（图 287）

19-4 克莱森热尔

《被蛇咬的女人》，1847 年（图 288 上）

附：皮埃尔-亚历山大·舍内韦尔《年轻的塔伦蒂娜》，1871 年（图 288 下）

浪漫主义雕塑

19-5 吕德

《马赛曲》，也称《1792 年志愿军出征》，1833 年—1836 年（图 289）

19-6 卡尔波

《花神》，1863 年—1866 年（图 290）

《舞蹈》，1865 年—1869 年（图 291）

作品简介

古典主义雕塑 因与希腊古典主义对应，所以也叫作新古典主义雕塑。新古典主义绘画的萌芽虽然可以追溯到 17 世纪上半叶的普桑，但一般来说，是以 18 世纪下半叶的大卫作为新古典主义绘画起点的代表性人物，而新古典主义雕塑起点的代表性人物则是乌东。

乌东 乌东的全名是让-安托尼·乌东（Jean-Antoine Houdon），法国人。父亲是皇家美术学院的看门人，因此从小就耳濡目染。15 岁进入皇家美术学院学习，并于 1764—1768 年间赴罗马深造。1777 年晋升为皇家美术学院院士。早期作品具有洛可可特征，而后成为新古典主义雕塑的创始人，尤其擅长为重要人物塑像，具有非凡的捕捉人物个性、塑造传神形象的才能。《詹森艺术史》中称他是对启蒙运动经验主义做出最出色示范的法国雕塑家。

《伏尔泰像》 这是乌东最具代表性的作品，大理石材质，113.5厘米×78.7厘米×103.1厘米，但石膏原作已经遗失。伏尔泰着罗马长袍，束罗马发带，端坐于复古座椅之上，一派古典气象。哲学家门牙不存，皮肤松弛，老迈光景尽显；他将脸转向一侧，嘴角微翘，面容和祥，但双目依然犀利而有神，我们因此依然可以清晰地感受到他思维的敏捷和思想的深邃。

《寒冬》 此外，乌东的《寒冬》《狩猎女神狄安娜》也都非常出色，其中《寒冬》也作《冬天的化身》。作品表现了一个年轻女子的形象，她用一块围巾紧紧将自己裹住以抵御寒冷，可下半身却完全是赤裸的。矛盾吗？一点也不。这就是艺术家的思维。我们由此看到了女孩的优美线条，以及这线条所寄托的纯真魅力。雕像有大理石版和青铜版两种，原作据说在法国蒙彼利埃，我们这里看到的是纽约大都会收藏的青铜版。

卡诺瓦 卡诺瓦的全名是安东尼奥·卡诺瓦（Antonio Canova），意大利威尼斯人。早期作品偏巴洛克风格，1781年定居罗马，之后转向新古典主义风格。事实上，他的影响波及整个欧洲，他也成为整个欧洲新古典主义的杰出代表。

《普绪克被爱神厄洛斯唤醒》 亦称《厄洛斯之吻》，大理石材质，55厘米 ×68厘米 ×101厘米。《西方古典绘画入门》中介绍过一件法国画家弗朗索瓦·热拉尔的作品《普绪克接受爱神的初吻》，与这件雕塑属同一题材。据希腊神话描述，普绪克长得异常美貌，因而引起阿芙罗狄忒（即维纳斯）的妒忌，施魔法让她昏睡，唯有爱情能将之唤醒。厄洛斯（即丘比特）是阿芙罗狄忒的儿子，一个手持弓箭的美少年，也是情爱的化身。卡诺瓦的作品表现的是厄洛斯深情地抚抱普绪克，苏醒的普绪克伸出双臂环绕厄洛斯，两人正欲相吻这一场景；作品具有极强的形式感和青春浪漫气息，温和、柔美，但又不失激情，视觉构图则呈 X 形，既活跃又稳定。这件雕塑堪称新古典主义最为成功的代表作。

《扮成维纳斯的保琳·波拿巴》 也称《扮成维纳斯的保琳·博尔盖塞》（因为嫁给罗马贵族博尔盖塞的后嗣），大理石材质，长 200 厘米。保琳·波拿巴或保琳·博尔盖塞是拿破仑·波拿巴的妹妹。我们看到保琳·波拿巴斜倚长榻，半裸身躯，右肘支撑着头，左手执象征胜利的金苹果；润滑的肌肤、柔美的身形、优雅的姿态、温情的气氛都一展无余；织物的纤薄感与褶皱感、床垫的柔软感都令人称奇，超越了大理石的表现力。总之，卡诺瓦娴熟的技艺无可挑剔，无懈可击。同时，这件作品也让我想起大卫创作于 1800 年的《雷卡米埃夫人像》。此外，卡诺瓦还有《战神与维纳斯》等重要作品。

托瓦尔森 托瓦尔森（Bertel Thorvaldson），丹麦人，生于哥本哈根，1791 年进入哥本哈根皇家美术学院学习，后保送罗马。1838 年成为丹麦皇家美术学院教授。

《拿着金羊毛的伊阿宋》 这是托瓦尔森最具代表性的作品。托瓦尔森试图通过这件作品，探索作为典范的古典雕塑标准：人体比例遵循黄金分割原则；伊阿宋并未像武士般强悍，而是具有诗人的优雅；其实这也是 18 世纪所流行的审美观念——男子女性化；他将脸转向一侧，由此勾勒出完美的轮廓线条，正面略呈行走的姿势又恰到好处地展现了优美的腹部肌肉。所有这些都足以与古希腊雕塑家波利克里托斯的作品相媲美。

克莱森热尔 全名奥古斯特·克莱森热尔（Auguste Clesinger），法国人。

《被蛇咬的女人》 大理石材质，56 厘米 ×180 厘米 ×70 厘米。1847 年作品在巴黎沙龙上展出，由于克莱森热尔采用了自然主义的表现手法，人体过于逼真，因此获得争议性的成功。评论家托菲利·托尔说道："人们可以感觉到年轻的血液在有弹性的皮肤和彩色大理石下流动，如果你尝试着将手放在这白色尤物身上，一定会感觉到生命的温暖。"另一位评论家加斯塔夫·普兰奇认为克莱森热尔的这件作品使用了摄影技术："他的作品并不是对一个模特的雕刻，而是对她的复制。"（见《人体雕塑》）总之，广泛的意见是：这已经不是一件雕塑品，而是一具真实的躯体。当然，也有评论指出克莱森热尔是在迎合或满足中产阶级男性对性感和情欲刺激的要求，为此雕塑家也招致许多批评。皮埃尔-亚历山大·舍内韦尔于 1871 年创作了一件《年轻的塔伦蒂娜》，大理石材质，74 厘米 ×171 厘米 ×68 厘米，与此风格非常相似。两件作品都在奥赛博物馆，图 288 中我也将两件作品上下叠置在一起，可以比较观看。

浪漫主义雕塑 一般认为，浪漫主义艺术开始于 1800 年以后。浪漫主义源于古典主义，却又与古典主义相对立，其中最突出的表现就是古典主义尊重理性，浪漫主义则更诉诸感性。讲到浪漫主义绘画，我们通常首先会想到德拉克洛瓦，而讲到浪漫主义雕塑，第一位代表性人物或许非吕德莫数。

吕德 全名弗朗索瓦·吕德（Francois Rude），法国第戎人。曾两度获赴罗马求学机会，但都因缺乏资金而未能成行。又因崇拜拿破仑于1814年流亡比利时（此经历与大卫类似），1827年得以返回巴黎。作品具有典型的浪漫主义风格特征。

《马赛曲》 也称《1792年志愿军出征》。1833年，凯旋门浮雕征集方案，吕德顺利获得委约。1789年法国大革命后，奥地利和普鲁士联军向新生的法兰西共和国进逼。1792年，法国人民集结起来组成志愿军，奔赴战场保卫新生的共和国。吕德的这件作品就是向在关键时刻挺身而出的勇敢的人们致敬。浮雕为石材，约13米×8米。背带双翼的女性象征着自由和正义，她引领着法国与敌人作战；底下人们的穿戴五花八门，与其说是训练有素的军队战士，更像是一群“乌合之众”，这完全符合志愿军的主题；然而正是这群“乌合之众”，表达出了坚定的意志、勇敢的决心，他们高唱马赛曲，慷慨从容地奔赴疆场。1836年这件雕塑揭幕时获得一致称赞，因为作品讴歌的是伟大的法兰西民族，或法兰西民族的伟大。这件作品也被视为德拉克洛瓦《自由引导人民》的姊妹篇。此外，吕德的重要作品还有《拿破仑永垂不朽》，作品中的拿破仑如在睡眠之中，但折翼的雄鹰却又点出这只是梦境，伟人已逝！

卡尔波 全名让-巴普蒂斯特·卡尔波（Jean-Baptiste Carpeaux），法国人，浪漫主义风格的雕塑家。卡尔波的成名作是《乌谷利诺及其子孙》，这是他留学意大利时的学业作品。根据传说，卡尔波生动地表现了乌谷利诺的悲剧性，由此也确立了自己的浪漫主义风格。此后，卡尔波作品的主要特点多体现为热情洋溢和活泼开朗。

《花神》 作品为石料，尺寸不详。裸体的花神蹲踞于地，位于构图中心，焕发着少女特有的青春和美丽；她身旁是一群可爱的小天使，他们相互嬉戏玩闹，气氛活泼，情景浪漫。雕塑的意境也一定是万花丛中，阳光明媚。据说法国著名诗人戈蒂叶看过这件作品后说：“比生命本身还要鲜活。”

《舞蹈》 作品为石料，420 厘米 × 298 厘米 × 145 厘米，是卡尔波应同学、巴黎歌剧院设计师夏尔·卡尼埃（Charles Garnier）的邀请为新落成的巴黎歌剧院而作。卡尔波针对特定环境，着意刻画了青年男女翩翩起舞的景象；中间男舞者手摇铃鼓，并呈放射状姿势，一群少女环绕着手拉手组成圆弧形，欢快地旋转；整件雕塑气氛奔放、自由，充满着青春的律动，令人愉悦。浪漫的巴黎人也将这件雕塑赞喻为“天使的舞蹈”。据说这件作品受到了吕德的《马赛曲》的影响，同时我也觉得它与布格罗于 1873 年完成的《山林水泽仙女和森林之神》在意向上是如此接近，说不定它就启发过布格罗的创作灵感呢！

·20·

19 世纪末—20 世纪初

古典余波——终于罗丹和马约尔

背　景

19 世纪晚期，西方古典雕塑艺术终于步入了生命的最后阶段，由此直到 20 世纪初，与建筑以及绘画、音乐一样，属于古典的余波。当然，与建筑相比，西方 19 世纪雕塑的发展在很大程度上与绘画保持着更多的亲缘性和同步性。这首先主要表现于对现实主义的汲取。现实主义绘画开始于 19 世纪 50 年代，主要代表人物有库尔贝、杜米埃以及巴比松画派的米勒。随着现实主义风格向雕塑领域的传递或蔓延，终于出现了罗丹这样的巨匠。除此之外，浪漫主义、象征主义以及印象派也不同程度地对这一时期的雕塑活动产生影响，这反映在罗丹、德加、布代尔、马约尔等人的作品中。但所有这些其实都是古典雕塑的回光返照，都是古典雕塑的最后绝唱，事实上，它们已经标新立异，别开生面，而古典的谢幕也就是现代的登场。

欣赏作品

古典、浪漫的余绪及现实主义雕塑

20-1　罗丹

《青铜时代》，1876 年（图 292）

《思想者》（包括“地狱之门”），1880 年—1900 年（图 293）

《吻》，1888 年—1889 年（图 294）

《沉思》，1886 年（图 295）

《加莱义民》，1884 年—1889 年（图 296）

《巴尔扎克像》，1898 年（图 297）

20-2　布代尔

《大力神赫拉克勒斯弯弓》，1909 年（图 298）

20-3　马约尔

《地中海》，1905 年（图 299）

《河流》，1938 年—1943 年（图 300）

作品简介

古典、浪漫的余绪及现实主义雕塑　19 世纪末，古典主义雕塑已接近尾声。一方面，这一时期仍有古典、浪漫风格的余绪；另一方面，由文学、绘画所开创的一种全新的艺术观——现实主义也深刻影响着雕塑活动，其中最突出的代表人物就是罗丹。

罗丹　讲 19 世纪末西方雕塑，第一个要接触的就是罗丹。罗丹全名奥古斯特·罗丹（Auguste Rodin）。罗丹的雕塑属于典型的现实主义风格，他在法国19世纪末的现实主义雕塑艺术中占有极其重要和特殊的地位，例如《思想者》《加莱义民》《巴尔扎克像》等都是现实主义的杰作。与此同时，罗丹雕塑的重要特征还包括：对人体造型特别是运动的人体有着非凡的理解和把握能力，汲取印象派对于光的认识并将其巧妙地运用到雕塑作品之中。罗丹曾到过意大利，米开朗琪罗的雕塑作品给他留下了极其深刻的影响，这一学习经历事实上也为他划时代的成功奠定了坚实的基础，《詹森艺术史》更认为罗丹是独自一人奠定了20世纪雕塑的基础。

《青铜时代》 这是罗丹的早期作品，青铜材质，170.2厘米 ×60厘米 ×60厘米。作品表现了一个青年男性形象，他形体匀称，躯干自然，肌肉起伏，姿态生动，双目紧闭，似刚从睡梦中醒来；由于是从真人身上取下模型，所以雕塑家备受批评。但《青铜时代》这个最终名称还是恰到好处地点明了立意，人类从原始状态步入文明社会，这正是一个挣脱束缚、行将苏醒的伟大时刻！顺便一提，罗丹同一时期还有另外一件作品也很重要，就是于1877年至1878年之间所创作的《行走的人》（现收藏于美国华盛顿国家美术馆），这具人体没有头，也没有手臂，且显得有些扭曲变形，很容易让人联想起从废墟中挖出的古代雕塑残存。事实上，罗丹是希望通过省略某些局部，而引起人们对行走或运动时人体姿态的关注。当然，作品的观念极具现代性。

《思想者》 作品本是《地狱之门》（*The Gates of Hell*）的一部分，《地狱之门》受到但丁《神曲》地狱篇以及波德莱尔《恶之花》的启发，石膏模型被存放于奥赛博物馆二层尽头。大门下方景象混乱不堪，是人类堕落之后的世界，这正是但丁第二层地狱中罪人的永恒遭遇，包括亚当和夏娃在内都饱受折磨，历经苦难；思想者坐于门楣之上，一说是但丁，当然也可能是罗丹自己，他凝视着堕落的人类和悲惨的世界，并陷入无法自拔的沉思。《世界美术名作鉴赏辞典》将罗丹的《地狱之门》与米开朗琪罗的《末日审判》并举，但这件作品显然也是与洛伦佐·吉贝尔蒂为佛罗伦萨大教堂洗礼堂所做的镀金浮雕东大门即《天堂之门》相对应的。从天堂到地狱，这其实不仅是人性的结果，也是一部人类历史的结果。但《地狱之门》在罗丹有生之年并未铸造出来。不过罗丹用这一作品的局部制作了一些独立雕像，包括《思想者》以及《三亡灵》（亦称《三个幽灵》或《三个影子》）。其中《思想者》所具有的力量感很容易使人联想到米开朗琪罗的作品，但罗丹的雕塑显然更加质朴；面对人类的苦难，思想者身体蜷曲，肌肉紧绷，形态甚至有些扭曲；人类何以受苦，乃是因为欲望，欲望导致罪恶，罪恶导致惩罚，惩罚导致苦难，然而人类永远无法摆脱欲望，因而也就永远无法摆脱苦难！这是但丁的思考，也是罗丹的思考。《地狱之门》石膏模型尺寸为551厘米×399厘米×94厘米，1917年被铸造成高518厘米的青铜雕塑，前者收藏于巴黎奥赛博物馆，后者收藏于巴黎罗丹美术馆。《思想者》高70厘米，青铜材质，收藏于巴黎罗丹博物馆，但世界许多地方均有复制品。

《吻》 这件作品原本也是《地狱之门》的一个部分，表现了男女情人的互相激吻的场面，充满爱欲。作品为大理石材质，181.5厘米×112.3厘米×117厘米。据说作品取材于但丁《神曲》中弗兰切斯卡与保罗这一对情侣的爱情悲剧，实则应是罗丹与其学生、助手也是情人克洛岱尔之间真实感情的生动写照。克洛岱尔19岁进入罗丹工作室，在此工作长达15年之久，这期间两人陷入难以自拔的爱情。类似的作品还有《永恒的青春》（1884年）、《永恒的主题》（1890年），也被称为《永恒》系列。但这场爱情的结局也如弗兰切斯卡与保罗的悲剧一样，或者像一切爱情悲剧一样：克洛岱尔因无法与罗丹结婚，最终精神错乱而住进疯人院。这真是永恒的主题：永恒的爱欲！永恒的悲剧！当然，罗丹的这些作品也招致了争议和批评：人性？兽性？爱情？大胆坦荡，还是露骨放荡？诚实，还是放纵？但我确定没有在这些作品中看到丝毫猥琐的迹象！其实，爱情、爱欲、情欲，这些真能分得如此清楚吗？好在今天人们已经更为宽容，并为罗丹的这些作品所征服。我还想说，当我们观赏罗丹这些作品时，同样不应忘记克洛岱尔，不应忘记，正是她带给罗丹创作冲动和灵感，并因而有了这些伟大的作品。顺便一提，罗丹通常是被定义为现实主义风格的雕塑家，但在《吻》以及《永恒的青春》《永恒的主题》这类作品中，明显也有着浪漫主义的特征，因此，对艺术家风格切忌作概念或标签式的理解。

《沉思》 这是一个女性头部形象，一说模特也是克洛岱尔；人物端庄，秀美，但凝视的目光中也透露出一丝忧郁和迷茫；由于舍弃了一切肢体，因此人物的表情和内心得到最大限度的展现。作品为大理石材质，75 厘米 ×55 厘米 ×52 厘米。若与《思想者》比较，那么这件作品明显没有被赋予更多的道德感、历史感及力量感；它只是一个个体，但毫无疑问是一个“类”——女性的个体，她得以打动我们的是她特有的品质——宁静之美。

《加莱义民》 作品为青铜材质，大约 210 厘米 ×240 厘米 ×200 厘米。这是一件组雕，讲述的是发生于英法百年战争期间的故事。1347 年英国人围困加莱城，英军提出以处死该城六位市民作为解围的条件。消息传来，欧斯达治等六位义士挺身而出，慷慨赴死（但英王后来实际免除了这六人死刑）。1884 年，加莱城决定建立一座丰碑以纪念这些义士，罗丹接受了委托。罗丹并没有采用通常的英雄主题，而是真实地刻画了面对死亡时人的心理状态，有意志坚定的，有神色刚毅的，有情绪激动的，也有内心恐惧和痛苦的。这正是普通人面对死亡的普遍真实感受，但它丝毫无损于他们的义举，一样可歌可泣。

雕塑粗糙的表面与特定的主题十分贴切，罗丹还建议取消雕像的基座，目的就是拉近与观者的距离，再现真实的场景与气氛。不过，这个“建议”中的现实主义意识过于超前，大大超出了人们的认知和预期，委托者最终还是将雕像“束之高阁”。艺术家希望还原真实，但平庸却需要英雄。

《巴尔扎克像》 作品是受左拉委托为作家协会而作，足足耗时六年。雕像为青铜材质，270 厘米 ×120 厘米 ×128 厘米。巴尔扎克以批判现实主义巨作《人间喜剧》征服人心并享誉文坛，罗丹也是一样，他对这位文豪抱有深深的崇拜和景仰。罗丹将巴尔扎克塑造成这样的形象：头发蓬松，宽袍大袖，邋遢有余；然而目光犀利，神态充满自信、坚韧、高傲以及桀骜不驯；总之，宽松大袍内裹着伟大的躯体与灵魂，这是典型的现实主义之作。在罗丹看来，它正是巴尔扎克典型的生活状态和独有的精神气质，并且罗丹自称“这是我一生中创作的巅峰，是我全部生命奋斗的成果，我的美学原理的集中体现”。但雕像公之于众后引起巨大争议，作协首先拒绝接受，有人还讥讽这是麻袋里装了癞蛤蟆；作家左拉、学者法朗士、画家莫奈与劳特累克、音乐家德彪西却极力赞美。今天，人们已普遍认为这座雕像是一座不朽的丰碑，它使得无数观者产生共鸣。

布代尔 布代尔全名安托尼·布代尔（Antoine Bourdelle）。他小时候跟随父亲学习木工技艺，15 岁获政府奖学金到图卢兹美术学校学习，之后以优异成绩考入巴黎美术学校，但因不满学院派教学方式而退学，也曾在罗丹工作室 15 年，亦终因与罗丹的分歧而离开。创作受到建筑与设计观念的深刻影响，强调构成，摈弃自然。

《大力神赫拉克勒斯弯弓》 或称《大力神海格立斯》，青铜材质。

作品突出造型，大力神张弓搭箭，人物线条粗犷，肌肉有力，我们可以从中感受到生命所爆发出强大力量。这件作品有浪漫派和象征派的余温，但它明显也已经有了现代风格特征。

马约尔　全名阿里斯蒂德·马约尔（Aristide Maillol）。早期创作受到纳比派艺术的影响，成熟期的作品具有象征主义的风格特征，这是与同时期绘画的风向标一致的。像罗丹一样，马约尔也是现代雕塑的先驱者，同时，他又是最后一位具有古典品味的雕塑家，从一定意义上说，他的雕塑仍是19世纪精神的延续，或是古典雕塑的最后一抹余晖。马约尔喜欢表现女性人体。在马约尔看来，女性裸体之美是大自然之美的一个部分，这二者之间是如此和谐。马约尔所塑造的女性大都生机勃勃，而且丰满。中国人用“环肥”“燕瘦”来形容不同女性的形体，马约尔就属于喜欢“环肥”的那类。马约尔的一些雕塑就放置在自然场景中，成为户外雕塑的杰作。

《地中海》　作品最初名为《坐着的女人》，后改名为《地中海》。高105厘米左右，有大理石和青铜两个不同版本。裸体女子姿态优美，仿佛坐在地中海边的沙滩上，她右手支撑着身体，左手托着低垂的头，既像在小憩，又似在冥想。马约尔省略了细节，而是赋予女性勃勃生机。难怪著名作家纪德看后赞叹道：“现代艺术从《地中海》中诞生了。”

《河流》　这是马约尔最后一件纪念性雕塑，200厘米，铅制。仍然是一个成熟女性的裸体，两手外推，两腿屈伸，丰满、浑圆的身体充满生命力，一切都是那么自然。据说最初马约尔是要表现一个女子在河中滑倒的景象，但今天人们更愿意将作品理解成女子嬉戏、逗弄的场景。《河流》恰似河流，逝者如斯，我们从此将踏进“现代”这条全新的河流！

相关信息索引

本索引提供了本书所收建筑与雕塑作品的主要信息，包括：国别、作品所在地点（如城市或博物馆与美术馆）、作品名称、作者、序号、时间。其中，国家、城市、博物馆与美术馆均有中外文对照，单独编号的建筑或建筑群亦有中外文对照，博物馆与美术馆收藏或附属建筑的雕塑作品不再注明外文，作者（如有的话）也有中外文对照，但外文一般只出现在首件作品。国家使用大号字体和加粗形式，地点、博物馆或美术馆使用加粗形式。索引基本采用编年形式，作品主要信息大抵按照时间坐标轴顺序排列，原则是视国家或城市第一件作品的时间；同时，本索引也采取将建筑与雕塑混编形式，二者显示在统一的时间坐标轴上。这一形式区别于正文中建筑与雕塑的分类编排和叙述，它有利于认识同一时间段内建筑与雕塑的相关性，另外也为读者在同一地点的旅游和参观提供了信息。需要说明的是，博物馆或美术馆馆藏情况较为复杂，因为博物馆、美术馆的出现较为晚近，且不少馆藏属于“掠夺”资源，因此既为了还原作品的原属地，也为了还原作品的时间点，本索引采取以下方法：18 世纪以后的作品因基本与博物馆或美术馆的设置同步，故直接完整显示馆藏信息。18 世纪之前的作品首先满足编年体时间轴的需要，并归位“原产地”，这实际上是“物归原主”，所属馆藏只标出作品名称和编号。举例说明：本书介绍了现收藏于英国伦敦大英博物馆（British Museum）里的两件作品：《垂死的牝狮》（图 105）、《三女神》（图 121），这就是馆藏信息。而完整信息分别见：埃及与中东 5、其他馆藏雕塑：《垂死的牝狮》，收藏于英国伦敦大英博物馆（图 105），公元前 668—前 627 年；希腊 7、雅典：《三女神》，作者为菲狄亚斯，收藏于英国伦敦大英博物馆（图 121），约公元前 438—前 432 年。以上种种考虑，都是为了最大限度还原历史的“真实性”，以及使用时的“便利性”。尽管如此，收藏形式千变万化，任何一种归类都有可能顾此失彼。此外，本索引提供的信息也可能未尽准确。所有这些不足之处还望读者原谅。

作为源头的埃及与中东

1. 吉萨（Giza）

吉萨金字塔群（The three Pyramids）及狮身人面像（Sphinx）（图1），约公元前2601年—前2515年。

2. 开罗（Cairo）

埃及博物馆（Egyptian Museum）

《卡培尔王子像》（图102），约公元前2450年—前2350年。

3. 底比斯（Thebes）

达尔巴赫里（Deir el-Bahri）哈特舍普苏特女王陵庙（Temple of Hatshepsut）（图2），约公元前1473年—前1458年。

卡尔纳克（Karnak）阿蒙神庙（Temple of Amun）及圆柱（图3、4），公元前1290年—前1224年。

卢克索（Luxor）阿蒙神庙（Temple of A-mun）方尖碑（图5），公元前1280年—前1220年。

4. 阿布辛贝勒（Abu Simbel）

《拉美西斯二世神庙造像》（Temple of Ramses Ⅱ）（图104），约公元前1279年—前1213年。

5. 其他馆藏雕塑

《法老孟卡拉与王妃立像》，收藏于美国波士顿美术博物馆（图101），约公元前2515年。

《涅菲尔娣蒂胸像》（Nefertiti），收藏于德国柏林国家博物馆（图103），约公元前1348年—前1335年。

《垂死的牝狮》，收藏于英国伦敦大英博物馆（图105），公元前668年—前627年。

希腊

1. 克里特岛（Crete）

米诺斯文明克诺索斯王宫（The Palace of Minos, Knossos）（图6），约公元前1700年—前1400年。

《欧塞尔少女像》，收藏于法国巴黎卢浮宫（图107），约公元前630年。

伊拉克列翁考古博物馆（Archaeological Museum）：

《持蛇女神像》（图106），公元前1600年。

2. 迈锡尼（Mycenae）

卫城狮子门（The Lion Gate）（图7），约公元前1300年。

3. 奥林匹亚（Olympia）

赫拉神庙（The Temple of Hera）（图8），约公元前7世纪。

奥林匹亚考古博物馆（Archaeological Museum）：

《拉庇泰族与肯陶洛斯人（也称半人马族）的战斗》（图114），约公元前470年—前460年。

《使者赫耳墨斯和婴儿狄俄尼索斯》，作者为普拉克西特列斯（Praxiteles）（图128），公元前330年。

4. 爱琴纳岛（Aegina）

爱法伊俄神庙（The Temple of Aphaia）（图10），约公元前500年—前490年。

《临死的战士》，收藏于德国慕尼黑古代雕塑展览馆（图112），约公元前490年。

5. 德尔菲（Delphi）

德尔菲考古博物馆（Archaeological Mu-seum）：

《德尔菲的驾车人》（图115），约公元前475年。

6. 阿提卡索尼奥角（Cape Sounion at Attica）

波塞冬神庙（The Temple of Poseidon）（图11），公元前5世纪。

7. 雅典（Athens）

《荷犊者》，收藏于卫城博物馆（图108），约公元前570年。

《克洛伊索斯》，收藏于雅典国家考古博物馆（图109），约公元前535年。

《着衣少女像》，收藏于卫城博物馆（图110），约公元前530年。

《金发碧眼的青年头像》，收藏于卫城博物馆（图111），约公元前485年。

《克里提奥斯的少年》，作者据说为克里提奥斯（Kritios），收藏于卫城博物馆（图113），约公元前480年。

《女神阿芙罗狄忒的诞生》，收藏于意大利罗马国家博物馆阿特姆彼斯宫（图117），约公元前470年—前460年。

《吹奏双笛的女子》，收藏于意大利罗马国家博物馆阿特姆彼斯宫（图118），约公元前470年—前460年。

《主神宙斯或海神波塞冬像》，收藏于雅典国家考古博物馆（图116），约公元前460年。

《持矛者》，作者为波利克里托斯（Polykleitos），收藏于意大利那不勒斯国家考古博物馆（图122），公元前450年—前440年。

《掷铁饼者》，作者为米隆（Myron），收藏于意大利罗马国家博物馆马西莫宫，或特尔默宫（图119），公元前450年—前430年左右。

卫城（Acropolis）（图12、13），公元前447年—前406年。

卫城山门（The Propylaia）（图14），公元前437年—前432年。

卫城帕特农神庙（The Parthenon），伊克提诺斯（Iktinos）和卡利克拉特（Kallikrates）负责建造，菲狄亚斯（Phidias）负责装饰（图15、16），公元前447年—前438年。

《泛雅典娜节队列像》之《少女与长者》，作者为菲狄亚斯，收藏于法国巴黎卢浮宫（图120），约公元前445年—前438年。

《三女神》，作者为菲狄亚斯，收藏于英国伦敦大英博物馆（图121），约公元前438年—前432年。

卫城雅典娜—尼刻神庙（The Temple of Athena Nike），卡利克拉特设计（图17），公元前427年—前421年。

卫城伊瑞克提翁神庙（The Temple of Erechtheion）（图18），公元前421年—前406年。

卫城下方狄俄尼索斯圆形剧场（The theater of Dionysus）（图23），约公元前5世纪。

《伯里克利半身雕像》，作者为克雷西勒斯（Kresilas），收藏于梵蒂冈博物馆（图124），公元前425年。

《束发带的运动员》，作者为波利克里托斯，收藏于雅典国家考古博物馆（图123），公元前420年。

《系鞋带的尼刻》，收藏于雅典卫城博物馆（图125），约公元前410年。

《捕蜥蜴的阿波罗》，作者为普拉克西特列斯，收藏于梵蒂冈博物馆（图126），公元前4世纪。

《尼多斯的阿芙罗狄忒》，作者为普拉克西特列斯，收藏于梵蒂冈博物馆（图127），公元前350年—前330年。

《刮汗污的运动员》，作者为留西普斯（Lysippos），收藏于梵蒂冈博物馆（图129），公元前330年。

《观景台上的太阳神阿波罗》，作者为列奥卡列斯（Leochares），收藏于梵蒂冈博物馆（图130），约公元前330年。

列雪格拉德纪念亭（Choragic Monument of Lysicrates）（图25），建于公元前334年。

卫城博物馆（Acropolis Museum）：

《荷犊者》（图108）、《着衣少女像》（图110）、《金发碧眼的青年头像》（图111）、《克里提奥斯的少年》（图113）、《系鞋带的尼刻》（图125）。

雅典国家考古博物馆（National Archaeological Museum）：

《克洛伊索斯》（图109）、《主神宙斯或海神波塞冬像》（图116）、《束发带的运动员》（图123）。

8. 埃比多拉斯（Epidaurus）

埃比多拉斯剧场（The theater of Epidaurus），设计者为小波留克列托斯（Polycleitos）（图24），约公元前350年—前330年。

9. 希腊化时期各地

《杀妻后自杀的高卢人》，收藏于意大利罗马国家博物馆阿特姆彼斯宫（图131），公元前240年。

《垂死的高卢人》，收藏于意大利罗马卡庇托利诺博物馆（图132），约公元前230年—前220年。

《沉睡的萨提尔》，收藏于德国慕尼黑古代雕塑展览馆（图133），约公元前230年—前200年。

《萨莫色雷斯岛的胜利女神尼刻》，收藏于法国巴黎卢浮宫（图134），约公元前190年。

《拳击手》，收藏于意大利罗马国家博物馆马西莫宫，或特尔默宫（图136），约公元前100年。

《米洛的阿芙罗狄忒》，作者为亚历山德罗斯（Alexandros），收藏于法国巴黎卢浮宫（图138），约公元前100年。

《拔刺少年》，收藏于意大利罗马卡庇托利诺博物馆（图137），约公元前1世纪。

《拉奥孔》，作者为阿格桑德罗斯（Hagesandros）、波里多罗斯（Polydorus）、阿泰诺多罗斯（Athenodorus），收藏于梵蒂冈博物馆（图139），约公元前1世纪。

意大利

1. 柏埃斯图姆（Paestum）

赫拉神庙（The Temple of Hera）（图9），1号约公元前550年，2号约公元前500年。

2. 庞贝（Pompeii）

韦蒂住宅（Vettii）（图28），约公元前2世纪。

秘仪别墅或庄园（Villa of the Mysteries）壁画（图29），约公元前1世纪。

圆形剧场（amphitheater）（图31），约公元前70年。

3. 罗马（Rome）

博阿留广场（Foro Boario）方庙，或波图纳斯神庙（Temple of Portunus），或福尔图纳神庙（Temple of Fortuna）（图32），公元前1世纪前期。

博阿留广场（Foro Boario）圆庙，或维斯泰神庙（Temple of Vesta），或海格立斯神庙（Temple of Ercole）（图 33），公元前 1 世纪前期。

《恺撒像》，收藏于梵蒂冈博物馆（图 140），约公元前 30 年—前 20 年。

奥古斯都和平祭坛（Ara Pacis Augustae）及浮雕（图 34、142、143），公元前 13 年—前 9 年。

《奥古斯都像》，收藏于梵蒂冈博物馆（图 141），公元 20 年。

大角斗场（Colosseum）（图 40、41、42），公元 70 年—82 年。

提图斯凯旋门（The triumphal Arch of Titus）（图 45），约公元 81 年。

图拉真纪念柱（Column of Trajan），设计者据说是阿波劳多乌斯（Apollodorus）（图 46），106 年—113 年。

万神殿（Pantheon）（图 37、38、39），118 年—128 年。

《博尔盖塞家族的跳舞者》，作者不详，收藏于博尔盖塞美术馆（图 144），2 世纪。

《安东尼·庇护及其妻子老福斯蒂娜纪念柱柱础浮雕》，收藏于梵蒂冈博物馆（图 145），约 161 年。

卡拉卡拉浴场（The Baths of Caracalla）（图 43），211 年—217 年。

君士坦丁凯旋门（The triumphal Arch of Constantine）（图 47），312—315 年。

马克森提乌斯公堂（Basilica of Maxentius）（图 51），约 307 年—312 年。

圣莎比娜教堂（Santa Sabina）（图 53），422 年—432 年。

坦比哀多小神殿（Tempietto），设计者是多纳托·布拉曼特（Donato Bramante）（图 174），1502 年—1510 年。

圣彼得大教堂（St. Peter's），前后参与的设计者包括布拉曼特、米开朗琪罗（Michelangelo）、贾科莫·德拉·波尔塔（Giacomo della Porta）、卡洛·马得诺（Carlo Maderno）、乔瓦尼·洛伦佐·贝尼尼（Giovanni lorenzo Bernini）（图 175、176、177 俯瞰、194 华盖、195 环廊），1506 年—1626 年、1624 年—1633 年、1657 年—1666 年。

《圣母怜子》，作者为米开朗琪罗，位于圣彼得大教堂（图 258），1498 年—1499 年。

《罗马教皇尤利乌斯二世陵墓及摩西像》，作者为米开朗琪罗，位于圣彼得镣铐教堂（San Peter in Vincoli）（图 260），1513 年—1515 年。

《垂死的奴隶》与《被缚的奴隶》，作者为米开朗琪罗，收藏于法国巴黎卢浮宫（图 261），1516 年。

法尔尼斯府邸（Palazzo Farnese），设计师是小安东尼奥·达·圣迦洛（Antonio da Sangallo the Younger），圣迦洛去世后，由米开朗琪罗接手（图 181），1530 年—1546 年。

罗马圣顶广场（Capitol Square），设计者是米开朗琪罗（图 179），1537 年—1539 年。

耶稣会教堂（Church of Jesus），设计者和建筑师包括米开朗琪罗、贾科莫·维尼奥拉（Giacomo Vignola）及波尔塔（图 193），1568 年—1584 年。

四喷泉圣卡罗教堂（San Carlo alle Quattro Fontane），设计师是弗朗切斯科·波洛米尼（Francesco Borromini）（图 196、197），1634 年—1682 年。

圣伊沃教堂（San Ivo），设计师是波洛米尼（图198），始建于1642年。

《科尔纳罗礼拜堂祭坛》与《圣特雷莎的沉迷》，作者为贝尼尼，位于维陶利亚圣玛丽亚教堂科尔纳罗礼拜堂（Cappella Cornaro in the church of St. Maria della Vittoria）（图273），1645年—1652年。

《四河喷泉雕塑》，作者为贝尼尼，位于纳沃那广场（Piazza Navona）（图274）1647年—1652年。

纳沃那广场（Piazza Navona）圣阿涅塞教堂（San Agnese），设计师是波洛米尼（图199），1653年—1663年。

圣安德烈教堂（San Andrea），设计师是贝尼尼（图200），1658年—1678年。

《许愿泉雕塑》，许愿泉本名为特雷维喷泉（Fontane di Trevi），作者为尼科洛·萨尔维（Nicola Solvi）（图275）1732年—1762年。

爱默纽埃勒二世纪念碑（Victor Emmanuel II Monument），设计师是吉斯培·萨科尼（Giuseppe Sacconi）（图245），1854年—1911年。

罗马国家博物馆阿特姆彼斯宫（Museo Nazionale Romano-Palazzo Altemps）：

《女神阿芙罗狄忒的诞生》（图117）、《吹奏双笛的女子》（图118）、《杀妻后自杀的高卢人》（图131）。

罗马国家博物馆马西莫宫，或特尔默宫（Museo Nazionale Romano-Palazzo Massimo alle Terme）：

《掷铁饼者》（图119）、《拳击手》（图136）。

梵蒂冈博物馆（Musei Vaticani）：

《伯里克利半身雕像》（图124）、《捕蜥蜴的阿波罗》（图126）、《尼多斯的阿芙罗狄忒》（图127）、《刮汗污的运动员》（图129）、《观景台上的太阳神阿波罗》（图130）、《拉奥孔》（图139）、《恺撒像》（图140）、《奥古斯都像》（图141）、《安东尼·庇护及其妻子老福斯蒂娜纪念柱柱础浮雕》（图145）。

卡庇托利诺博物馆（Museo Capitoli-no）：

《垂死的高卢人》（图132）、《拔刺少年》（图137）。

博尔盖塞美术馆（Galleria Borghese）

《博尔盖塞家族的跳舞者》（图144），作者不详，2世纪。

《冥王普鲁托劫夺女神珀耳塞弗涅》，作者为贝尼尼（图271），1621年—1622年。

《阿波罗与达芙尼》，作者为贝尼尼（图272），1622年—1625年。

《扮成维纳斯的保琳·波拿巴》，作者为安东尼奥·卡诺瓦（Antonio Canova）（图286），1805年—1808年。

4. 蒂沃利（Tivoli）

哈德良离宫（Villa of Hadrian）（图48），114年—138年。

5. 拉文纳（Ravenna）

圣阿波利奈尔教堂，也称阿波利奈尔圣殿（Sant Apollinare Nuoro）及镶嵌画（图54、58），5世纪—6世纪初。

圣维塔尔教堂（San Vitale）及镶嵌画（图55、59），526年—547年。

加拉·普拉西迪亚王陵（Mausoleum of Galla Placidia）镶嵌画（图57），425年。

6. 威尼斯（Venice）

圣马可大教堂（St. Mark's）（图62、63），始建于1063年。

总督府(Doge's Palace)(图158)，1309年—1424年。

《科莱奥尼骑马像》，作者是安德烈亚·德尔·委罗基奥（Andrea del Verrocchio），位于圣乔凡尼与圣保罗广场（Campo Santissimi Giovanni e Paolo）（图257），1480年—1495年。

圣玛丽亚神迹教堂（San Maria dei Miracoli），设计师是皮埃特罗·隆巴多（Pietro Lombardo）（图168），1480年—1489年。

圣马可广场图书馆（Library）与造币厂（Zecca），设计师是雅各布·桑索维诺（Jacopo Sansovino）（图180），1537年。

庄严圣乔治马乔里教堂（San Giorgio Maggiore），设计者是安德烈·帕拉蒂奥（Andrea Palladio）（图185），始建于1565年。

救世主教堂（Redentore Church），设计者是帕拉蒂奥（图186），1576年—1591年。

安康圣母教堂（Santa Maria della Salute），建筑师是巴尔达萨雷·罗根纳（Baldassare Longhena）（图201），1630年—1687年。

7. 米兰（Milan）

圣安布洛乔教堂（Sant Ambrogio）（图64、65），11世纪晚期—12世纪早期。

米兰主教堂（Milan Cathedral），（图96），始建于1386年，部分直到19世纪才完工。

8. 比萨（Pisa）

比萨大教堂建筑群（Cathedral complex at Pisa），建筑师和建造者是迪奥蒂萨尔维（Diotisalvi）、波纳诺·皮萨诺（Bonanno Pisano），后者负责钟楼即现之斜塔（图72），1063年—1272年。

9. 佛罗伦萨（Florence）

圣乔瓦尼洗礼堂（baptistery of San Giovanni）（图155），约1060年—1150年。

圣明尼亚托教堂（San Miniato）（图156），约1062年—1150年。

圣十字大教堂（San Croce），建筑师可能是阿诺尔福·迪·坎比奥（Arnolfo di Cambio）（图157），始建于1295年。

佛罗伦萨主教堂（The Cathedral of Santa Maria del Fiore, Florence），也称圣母百花教堂，建筑师是坎比奥和菲利波·布鲁内莱斯基（Filippo Brunelleschi）（图159、160），始建于1296年；一旁的钟楼由乔托·迪·邦多内（Giotto di Bondone）于1334年设计。

市政厅（Palazzo Pubblico），也称韦基奥宫（Palazzo Vecchio），建筑师是坎比奥（图169），1298年—1322年；1537年科西莫一世擢升为大公后再次对内部加以整修，曾先后邀请达·芬奇、米开朗琪罗、乔治·瓦萨里（Giargio Vasari）等人参与装饰。

《圣马可》，作者为多纳泰罗（Donatello），收藏于圣米迦勒园中教堂博物馆（图251），约1411年—1413年。

《圣乔治》，作者为多纳泰罗，收藏于巴杰罗国家博物馆（图252），约1415年—1417年。

孤儿院（Foundling Hospital），建筑师是布鲁内莱斯基（图170），始建于1421年。

圣洛伦佐教堂（San Lorenzo），建筑师是布鲁内莱斯基（图161），1421年—1469年。

圣灵教堂（Santo Spirito），建筑师是布鲁内莱斯基（图 162），始建于 1436 年。

帕奇家族小礼拜堂（The Pazzi Chapel），建筑师是布鲁内莱斯基（图 163、164），1430 年—1461 年。

《大卫像》，作者为多纳泰罗，收藏于巴杰罗国家博物馆（图 253），约 1440 年—1443 年。

美第奇府邸（Palazzo Medici），设计师是米开罗佐·迪·巴尔托洛梅奥（Michelozzo di Bartolommeo）（图 171、172），1444 年—1460 年。

鲁切莱府邸（Palazzo Rucellai），设计师是莱昂·巴蒂斯塔·阿尔伯蒂（Leon Battista Alberti）（图 173），1446 年—1470 年。

新圣母教堂（San Maria Novella），设计师是阿尔伯蒂（图 165），1458 年—1470 年。

《赫拉克勒斯与安泰乌斯》作者是安东尼奥·波拉约洛（Antonio Pollaiuolo），收藏于巴杰罗国家博物馆（图 255），约 1470 年。

《大卫像》，作者是委罗基奥，收藏于巴杰罗国家博物馆（图 256），约 1475 年。

《大卫》，作者为米开朗琪罗，收藏于艺术学院美术馆（图 259），1501 年—1504 年。

《朱理安诺·美第奇陵墓及夜（女）与昼（男）》和《洛伦佐·美第奇陵墓及暮（男）与晨（女）》，作者为米开朗琪罗，位于圣洛伦佐教堂内的美第奇家族礼拜堂（Medici Chapels）（图 262、263），1520 年—1534 年。

洛伦佐图书馆（Laurentian Libray），设计师是米开朗琪罗（图 178），1523 年—1571 年。

《海神尼普顿喷泉》，作者是巴托洛梅·阿玛纳蒂（Bartolommeo Ammannati），位于市政厅广场（Palazzo Pubblico）（图 267），1559 年—1575 年。

乌菲齐府邸（Palazzo Uffizi），设计师是瓦萨里（图 184），1560 年—1581 年。

《战胜比萨的佛罗伦萨》，作者是詹博洛尼亚（Giambologna），收藏于巴杰罗国家博物馆（图 268），1570 年。

《信使墨丘利》，作者是詹博洛尼亚，收藏于巴杰罗国家博物馆（图 269），1580 年。

《掠夺萨宾妇女》，作者是詹博洛尼亚，位于兰奇长廊（Loggia dei Lanzi）（图 270），1583 年。

圣米迦勒园中教堂博物馆（Museo di Or San Michele）

《圣马可》（图 251）。

巴杰罗国家博物馆（Museo Nazionale del Bargello）

《圣乔治》（图 252）、《大卫像》（图 253）、《赫拉克勒斯与安泰乌斯》（图 255）、《大卫像》（图 256）、《战胜比萨的佛罗伦萨》（图 268）、《信使墨丘利》（图 269）。

艺术学院美术馆（Galleria dell Accademia）

《大卫》（图 259）。

10. 帕多瓦（Padova）

《加塔梅拉塔骑马像》，作者为多纳泰罗，位于圣安东尼广场（Piazza del Santo）（图 254），1445 年—1450 年。

11. 曼图亚（Mantua）

圣安德烈教堂（San Andrea），设计师是阿尔伯蒂（图 166、167），1470 年。

德泰府邸（Palazzo del Te），设计师是朱里奥·罗马诺（Giulio Romano）（图183），1525年—1535年。

12. 维琴察（Vicenza）

圆厅别墅（Villa Rotonda），设计者是帕拉蒂奥（图182），1550年—1569年。

13. 都灵（Turin）

圣尸衣礼拜堂（Chapel of the Holy Shroud），建筑师是瓜里诺·瓜里尼（Guarino Guarini）（图202），1667年—1690年。

卡里那诺宫（Palazzo Carignano），建筑师是瓜里尼（图203），始建于1679年。

14. 那不勒斯（Naples）

那不勒斯国家考古博物馆（Museo Archeologico Nazionale）

《夫妇肖像》（图30）。

《持矛者》（图122）。

圣塞维罗礼拜堂（Cappella Sansevero）

《羞怯》，作者为安东尼奥·科拉蒂尼（Antonio Corradini）（图280），1749年。

土耳其

1. 迪迪马（Didyma）

阿波罗神庙（The Temple of Appollo），建筑师是帕奥涅斯（Paionios）和达佛涅斯（Daphnis）（图26），始建于公元前313年。

2. 帕加马（Pergamon）

帕加马宙斯祭坛（Altar of Zeus），保存于德国柏林帕加马博物馆（图27），公元前180年—前170年。

《帕加马宙斯祭坛浮雕》，保存于德国帕加马博物馆（图135），公元前180年—前160年。

3. 伊斯坦布尔（Istanbul）

圣索菲亚大教堂（Hagia Sophia），建筑师是安提米乌斯（Anthemius of Tralles）和伊斯多鲁斯（Isidorus of Miletus）。（图60、61），532年—537年。

法国

1. 尼姆（Nimes）

加尔水道桥（Pont du Gard）（图36），约公元前2世纪—前1世纪。

2. 图卢兹（Toulouse）

圣塞尔南教堂（Saint-Sernin at Toulouse）（图67、68），1070年—1120年。

3. 卡昂（Caen）

圣艾蒂安修道院教堂（Saint-Etienne at Caen）（图71），1067年—1120年。

4. 韦兹莱（Vezelay）

《圣玛德琳教堂前廊中央大门门楣浮雕》（Sainte-Marie-Madeleine de Vezelay）（图146），1120年—1132年。

5. 塞纳-圣丹尼（Seine-Saint-Denis）

圣丹尼修道院（church of Saint-Denis），建造者是絮热（Suger）（图73），1140年—1144年。

6. 巴黎

巴黎圣母院（Notre-Dame of Pairs）（图74、75、76-1、76-2），1163年—1345年。

路易九世圣沙佩勒教堂，亦称圣徒小教堂（Sainte-Chappelle）（图84），1241年—1248年。

《纯真之泉山林水泽仙女浮雕》，作者是让·古戎（Jean Goujon），原属于法国巴黎纯真之泉（Fountain des Innocents），已拆，现收藏于卢浮宫庭院正面（图

266），1547 年—1549 年。

卢浮宫（Palais du Louvre），设计师包括皮埃尔·莱斯科（Pierre Lescot）、古戎（图191），1546 年计划建造。东立面设计者是路易·勒沃（Louis le Vau）、夏尔·勒布伦（Charles le Brun）及克劳德·佩罗（Claude Perrault）（图 222），1667 年—1670 年。

《克洛东的米伦》，作者为皮埃尔·皮热（Pierre Puget），收藏于卢浮宫（图277），1671 年—1682 年。

恩瓦立德教堂（Dome des Invalides），设计者是朱尔·阿杜安-芒萨尔（Jules Hardouin-Mansart），也常被叫作小孟莎（图206），1677 年—1691 年。

瓦朗日维尔公馆（Varengeville）（图215），约 1735 年。

苏比斯府公主厅（Salon de la Princesse, Hotel de Soubise）（图 216），1737 年—1740 年。

旺道姆广场及纪功柱（Place de Vendome），设计者为芒萨尔（图 223），1699 年—1701 年。

先贤祠（Le Pantheon），设计者是让-热尔曼·苏夫洛（Jaques-Germain Soufflot）（图 224），1755 年—1792 年。

《伏尔泰像》，作者为让-安托尼·乌东（Jean-Antoine Houdon），位于法兰西喜剧院（Comedie-Francaise）（图 283），1781 年。

法国大剧院（即现在的法兰西剧院，又名奥德翁剧院，Theatre de l' Odeon），马利-约瑟夫·佩尔（Marie-Joseph Peyre）和查理·德·怀利（Charles de Wailly）共同设计（图 225），1778 年—1782 年。

凯旋门（I' Arc de I' Etoile），设计师是让-弗朗索瓦·沙尔格林（Jean-Francois Chalgrin）（图 226），1806 年—1836 年。

《马赛曲》，作者为弗朗索瓦·吕德（Francois Rude），位于凯旋门（图289），1833 年—1836 年。

玛德莱娜教堂（La Madeleine），设计师是皮埃尔·维尼翁（Pierre Vignon）（图227），1807 年—1842 年。

巴黎歌剧院（Opera de Paris），设计师是夏尔·卡尼埃（Charles Garnier）（图244），1861 年—1874 年。

《舞蹈》，作者为让-巴普蒂斯特·卡尔波（Jean-Baptiste Carpeaux），位于巴黎歌剧院正面左侧，石膏模型藏于巴黎歌剧院陈列馆（图 291），1865 年—1869 年。另奥赛博物馆亦有收藏。

圣心教堂（Sacré-Coeur），设计师是保罗·阿巴迪（Paul Abadie）（图 247），1876 年—1919 年。

《河流》，作者是阿里斯蒂德·马约尔（Aristide Maillol），位于杜伊勒里公园（Jardin des Tuileries）（图 300），1938 年—1943 年。另纽约市现代艺术博物馆等多处有收藏。

卢浮宫博物馆（Louvre）：

《欧塞尔少女像》（图 107）、《泛雅典娜节队列像》之《少女与长者》（图120）、《萨莫色雷斯岛的胜利女神尼刻》（图 134）、《米洛的阿芙罗狄忒》（图138）、《博尔盖塞家族的跳舞者》（图144）、《垂死的奴隶》与《被缚的奴隶》（图 261）。

《马夫制服惊马》，作者为奎勒芒·库

斯图（Guillaume Coustou）（图 278），1739 年—1745 年。

《小爱神》，作者为埃提昂—莫利斯·法尔孔奈（Etienne-Maurice Falconet）（图 281），1757 年。

《普绪克被爱神厄洛斯唤醒》，作者为安东尼奥·卡诺瓦（Antonio Canova）（图 285），1787 年—1793 年。

《花神》，作者为卡尔波（图 290），1863 年—1866 年。

奥赛博物馆（Museed' Orsay）

《被蛇咬的女人》，作者是奥古斯特·克莱森热尔（Auguste Clesinger）（图 288 上），1847 年。

《年轻的塔伦蒂娜》，作者是皮埃尔–亚历山大·舍内韦尔（Pierre-Alexandre Schoenewerk）（图 288 下），1847 年。

《青铜时代》，作者是奥古斯特·罗丹（Auguste Rodin）（图 292），1876 年。

《大力神赫拉克勒斯弯弓》，作者是安托尼·布代尔（Antoine Bourdelle）（图 298），1909 年。

《地中海》，作者是马约尔（图 299），1905 年。另瑞士文特图尔市等多处有收藏。

罗丹博物馆（Musee Rodin）

《思想者》，作者是罗丹（图 293），1880 年—1900 年。

《吻》，作者是罗丹（图 294），1888 年—1889 年。

《沉思》，作者是罗丹（图 295），1886 年。

《巴尔扎克像》，作者是罗丹（图 297），1898 年。

7. 巴黎—枫丹白露（Fontainebleau）

枫丹白露宫（Chateau de Fontainebleau），设计师有吉尔·勒布雷东（Gilles Le Breton）、让·安德鲁埃·杜塞尔索（Jean Androuet du Cerceau）（图 190），1528 年扩建。

《埃唐普公爵夫人房间浮雕》，作者是弗朗西斯科·普利马提乔（Francesco Primaticcio）（图 265），1541 年—1545 年。

8. 巴黎–凡尔赛（Versailles）

凡尔赛宫（palais de Versailles），设计者包括夏尔·勒布伦、路易·勒沃及芒萨尔，芒萨尔是主要负责人，小特里阿农宫设计师是昂热–雅克·加布里埃尔（Ange-Jacques Gabriel）（图 204、205），1655 年—1682 年。

《太阳神阿波罗与仙女们》，作者为弗朗索瓦·杰拉尔东（Francois Girardon），位于凡尔赛宫花园（图 276）1666 年—1672 年。

9. 夏特尔（Chartres）

夏特尔（亦作沙特尔）主教堂（Cathedral of Notre Dame at Chartres）（图 77、78、82、83），始建于 1134 年，重建于 1194 年。

《夏特尔主教堂西立面王者之门国王与王后雕像》（图 147），1145 年—1155 年。

《夏特尔主教堂南部袖廊大门侧壁圣徒雕像》（图 148），1215 年—1230 年。

10. 兰斯（Reims）

兰斯主教堂（Reims Cathedral），建筑师是让·德奥尔伯（Jean d' Orbay）、让·勒·卢卜（Jean le Loup）、古佐·德·兰斯（Gaucher de Reims）、伯纳德·德·苏瓦松（Bernard de Soissons）（图 79），始建于 1211 年。

《兰斯主教堂西大门中央门廊：圣母领报与圣母往见》（图 149），约 1230 年—1260 年。

11. 皮卡第（Picardy）

亚眠主教堂（Amiens Cathedral），建筑师是罗贝尔·德·吕扎尔谢（Robert de Luzarches）、托马斯·德·科尔蒙（Thomas de Cormont）、雷诺·德·科尔蒙（Renaud de Cormont）（图80），始建于1220年。

12. 瓦兹（Oise）

博韦主教堂，亦称圣皮埃尔主教堂（The Cathedral of Saint-Pierre）（图81），始建于1247年。

13. 卢瓦河谷（Loire）

香博堡（Chateau de Chambord）（图187、188），始建于1519年。

雪侬瑟堡（Chateau de Chenonceau）（图189），改建于1518年。

14. 加莱（Calais）

《加莱义民》，作者是罗丹，位于里席尔（Lee Hill）广场（图296），1884年—1889年。另巴黎罗丹博物馆和美国华盛顿赫斯肖恩博物馆等处也有收藏。

约旦

佩特拉（Petra）

佩特拉神庙，也称艾尔卡兹尼宝库（El Khasneh）（图35），公元2世纪早期。

德国

1. 特里尔（Trier）

大黑门（Porta Nigra）（图49），公元2世纪。

君士坦提乌斯公堂（Basilica of Constantius）（图52），公元4世纪。

2. 亚琛（Aachen）

查理曼宫廷礼拜堂（Aachen Cathedral）（图56），792年—805年。

3. 施派尔（Speyer）

施派尔大教堂（Speyer Cathedral）（图66），1030年—1106年。

4. 瑙姆堡（Naumburg）

《瑙姆堡主教堂正殿内壁的乌塔夫妇雕像》（Naumburg Cathedral）（图150），1250年—1260年。

5. 科隆（Koln）

科隆主教堂（Koln Dom）（图92），始建于1248年，部分直到19世纪才完工。

6. 乌尔姆（Ulm）

乌尔姆主教堂（Ulm Cathedral）（图93），始建于1377年，部分直到19世纪才完工。

7. 德累斯顿（Dresden）

茨威格宫（Zwinger Palace），设计者是马蒂斯·丹尼尔·波贝尔曼（Mathaes Daniel Poppelmann）（图214），1709年—1732年。

8. 雷根斯堡（Regensburg）

雷根斯堡附近韦尔登堡修道院（Weltenburg），建筑师是科斯马斯·达米安·阿萨姆和埃吉德·奎林·阿萨姆兄弟（图212），1717年—1721年。

《圣母升天》，作者为埃吉德·奎林·阿萨姆，位于罗尔修道院（Egid Quirin Asam）（图279），1722年—1723年。

瓦尔哈拉即烈士纪念堂（Walhalla），建筑师是利奥·冯·克伦策（Leo von Klenze）（图235），1830年—1842年。

9. 维尔兹堡（Wurzburg）

维尔兹堡主教宫（The Residenz of Wurzburg），建筑师是巴尔塔扎尔·诺伊曼

（Balthasar Neumann）（图 218），1719 年—1744 年。

10. 慕尼黑（Munchen）

圣约翰·尼波姆克教堂（Church of St. Johannes Nepomuk），建筑师是科斯马斯·达米安·阿萨姆（Cosmas Damian Asam）和埃吉德·奎林·阿萨姆（Egid Quirin Asam）兄弟（图 213），1733 年—1746 年。

宁芬堡阿马林堡镜厅（Hall of Mirrors），设计师是弗朗索瓦·科维列斯（Francois Cuvillies）和约翰·巴普蒂斯特·齐默尔曼（Johann Baptist Zimmermann）（图 217），1734 年—1739 年。

古代雕塑展览馆（Glyptothek）：

《临死的战士》（图 112）、《沉睡的萨提尔》（图 133）。

11. 上巴伐利亚州斯泰因豪森（Steinhausen，at Oberbayern）

维斯克切朝圣教堂（Wieskirche，绰号“Die Wies”，即“草地”），设计师是多米尼克斯·齐默尔曼（Dominikus Zimmermann）设计，其兄长约翰·巴普蒂斯特·齐默尔曼负责湿壁画（图 219），始建于 1757 年。

12. 柏林（Berlin）

勃兰登堡门（Brandenburg Gate），设计者是 C.G. 朗翰斯（C.G.Langhans）（图 232），1789 年—1793 年。

阿尔特斯博物馆即古代博物馆（The Altes Museum），建筑师是卡尔·弗里德里希·辛克尔（Karl Friedrich Schinkel）（图 233），1790 年—1830 年。

柏林国家博物馆（Staatliche Museum）：

《涅菲尔娣蒂胸像》（图 103）。

帕加马博物馆（Pergamon Museum）：

帕加马宙斯祭坛（图 27）、《帕加马宙斯祭坛浮雕》（图 135）。

13. 波茨坦（Potsdam）

夏洛滕霍夫宫（Schloss at the Charlottenhof），建筑师是辛克尔（图 234），1826 年—1833 年。

14. 菲森（Fussen）

新天鹅堡（New Swan Stone Castle），设计者是克里斯蒂安·詹克（Christian Jank）、埃德华·瑞德尔（Eduard Riedel）、朱利叶斯·霍夫曼（Julius Hofmann），或许巴伐利亚国王路德维希二世（Ludwig II）应是最重要的设计师（图 246），1869 年—1892 年。

15. 其他

巴伐利亚基姆湖（Chiemsee）修女岛（Craueninsel）修道院（图 98）。

巴伐利亚国王湖（Königsee）圣巴特洛梅（Bartholomew）修道院（图 99）。

英国

1. 巴斯（Bath）

巴斯浴场（Bath）（图 44），180 年。

皇家新月楼连排住宅（Royal Crescent），设计师是小约翰·伍德（John Wood the Younger）（图 229），1767 年—1775 年。

2. 达勒姆（Durham）

达勒姆大教堂（Durham Cathedral）（图 69、71），1093 年—1133 年。

3. 林肯（Lincoln）

林肯主教堂（Lincoln Cathedral）（图 85），重建于 1192 年。

4. 索尔兹伯里（Salisbury）

索尔兹伯里主教堂（Salisbury Cathedral）

（图 86），始建于 1220 年。

5. 伦敦（London）

威斯敏斯特礼拜堂（Westminster Abbey），设计者是亨利·德·雷尼斯（Henry de Reynes）（图 87、88），重建于 1220 年。

威斯敏斯特礼拜堂附属亨利七世小礼拜堂（Chapel of Henry Ⅶ），建筑师是约翰·沃斯戴尔（John Wastell）（图 91），1503 年—1519 年。

圣保罗大教堂（St. Paul Cathedral），建筑者是克里斯托弗·雷恩爵士（Sir Christopher Wren）（图 207），1675 年—1710 年。

伦敦近郊（near London）齐斯威克宅邸（Chiswick House），建筑师是伯灵顿勋爵（Lord Burlington）和威廉·肯特（William Kent）（图 228），始建于 1725 年。

大英博物馆（British Museum），设计师是罗伯特·斯默克（Robert Smirke）（图 231），1823 年—1847 年。

议会大厦（Houses of Parliament），设计者是查尔斯·巴里爵士（Sir Charles Barry）以及 A.W.N. 普金（Augustus Welby Northmore Pugin）（图 243），1836 年—1868 年。

伦敦大英博物馆（British Museum）：《垂死的牝狮》（图 105）、《三女神》（图 121）。

6. 格洛斯特（Gloucester）

格洛斯特主教堂(Gloucester Cathedral)（图 89），建于 1332 年—1357 年间。

7. 剑桥（Cambridge）

剑桥国王学院礼拜堂（King College chapel, Cambridge），建筑师是沃斯戴尔（图 90），1446 年—1515 年。

8. 牛津（Oxfordshire）

布伦汉姆府邸（Blenheim Palace），建筑师是约翰·范布鲁赫（John Vanbrugh）（图 208），1705 年—1722 年。

9. 爱丁堡（Edinburgh）

爱丁堡皇家高级中学（High School at Edinburgh），设计师是托马斯·汉密尔顿（Thomas Hamilton）（图 230），1825 年—1829 年。

10. 布莱顿（Brighton）

皇家亭阁（Prince Regent' s Royal Pavilion at Brighton），约翰·纳什（John Nash）（图 248），1815 年—1823 年。

克罗地亚

斯普利特（Split）

戴克里先宫（Palace of Diocletian）（图 50），300 年—305 年。

西班牙

1. 科尔多瓦（Cordoba）

清真寺（Mosque）（图 151），始建于 785 年。

2. 萨拉戈萨（Saragossa）

阿尔贾菲瑞亚宫（Aljaferiya Palace）（图 152），11 世纪。

3. 格兰纳达（Granada）

阿尔罕布拉宫（La Alhambra）清漪院（Court of Myrtles）与狮子院（Court of Lions）（图 153、154），1238 年—1360 年。

4. 马德里（Madrid）

埃斯科里亚尔洛伦佐王宫（Lorenzo de ElEscorial），建筑师是胡安·巴蒂斯塔·德·托莱多（Juan Bautista de Toledo）

（图 192），1563 年—1584 年。

捷克

1. 布拉格（Praha）

圣维特主教堂（St. Vitus Cathedral）（图 94），始建于 1344 年，20 世纪完工。

2. 库塔娜霍拉（Kutna Hora）

圣巴巴拉主教堂(St. Barbara Cathedral)(图 95)，始建于 1388 年，20 世纪完工。

奥地利

1. 梅尔克（Melk）

梅尔克修道院（Monastery of Melk），设计师是雅各布 · 普兰德陶尔（Jakob Prandtauer）（图 209），1702 年—1714 年重建。

2. 维也纳（Vienna）

圣卡尔斯克切教堂（Church of St. Karlkskirche），建筑师是约翰 · 波恩哈特 · 费希尔 · 冯 · 厄拉赫（Johann Bernhard Fischer von Erlach）（图 210），1716 年后。

美景宫（Belvedere），建筑师是卢卡斯 · 冯 · 希尔德布兰特（Lucas von Hilde brandt）（图 211），1720 年—1724 年。

艺术史博物馆（Kunsthistorisches Museum）

《弗朗索瓦一世盐瓶》，作者是贝维多 · 切利尼（Benvenuto Cellini），2003 年被盗，据说最近已失而复得（图 264），1532 年—1534 年。

3. 其他

萨尔兹堡月亮湖（Mondsee）区小教堂（图 97）。

哈尔施塔特（Hallstatt）镇小教堂（图 100）。

俄国

圣彼得堡（St.Petersburg）

圣彼得–保罗教堂（The Peter-Paul Cathedral）（图 220），1712 年—1733 年。

冬宫（Winter Palace），建筑师是意大利人拉斯特列里（B.B.Rastelli）（图 221），1754 年—1762 年。

喀山圣女教堂（The Virgin of Kazan Cathedral），设计者是 A.N. 沃洛尼辛（A.N. Voronikhin）（图 240），1801 年—1811 年。

伊萨基辅主教堂（Issa Kiev Church），最初由蒙特弗朗（A.R.Montferrand）设计，后成立专门委员会对方案加以改进（图 241），1818 年—1858 年。

新海军部大楼（the New Admiralty），设计师是阿德里安 · 迪米特里维奇 · 扎哈洛夫（Adrian Dmitrievitch Zakharov）（图 242），1806 年—1823 年。

冬宫博物馆（Hermitage Museum，Saint Petersburg）

《花神福罗拉》，作者是埃提昂–莫利斯 · 法尔孔奈（Etienne-Maurice Falconet）（图 282），约 1770 年。

丹麦

哥本哈根（Copenhagen）

托瓦尔森博物馆（Thorvaldsons Museum）

《拿着金羊毛的伊阿宋》，作者为托瓦尔森(Bertel Thorvaldson)(图 287)，1802 年—1828 年。

美国

1. 弗吉尼亚（Virginia）

夏洛茨维尔（Charlottesville）杰弗逊蒙蒂瑟洛住宅（Monticello），设计者是前美国总统托马斯·杰弗逊（Thomas Jefferson）（图 236），1769 年—1809 年。

里奇蒙德（Richmond）议会大厦（Virginia State Capitol），设计者是杰弗逊（图 237），1789 年—1798 年。

夏洛茨维尔（Charlottesville）弗吉尼亚大学（University of Virginia），设计者是杰弗逊（图 238），1814 年—1829 年。

2. 华盛顿（Washington）

美国国会大厦（United States Capitol），最初的设计师是威廉·汤顿（William Thornton），之后经多次改建并由多位建筑师参与设计，最终完成于林肯任内（图 239），完成于 19 世纪 60 年代。

林肯纪念堂（Lincoln Memorial），设计师是亨利·培根（Henry Bacon）（图 250），1911 年—1922 年。

3. 波士顿（Boston）

波士顿美术博物馆（Museum of Fine Arts）：

《法老孟卡拉与王妃立像》（图 101）。

4. 纽约（New York）

大都会艺术博物馆（The Metropolitan Museum of Art）

《寒冬》，作者为让-安托尼·乌东（Jean-Antoine Houdon）（图 284），1783 年。

中国

上海（Shanghai）

外滩万国建筑群（the exotic building clusters in the Band of Shanghai）（图 249），19 世纪末—20 世纪初。

使用资料及参考书目

1. [美]弗雷德·S.克雷纳、克里斯汀·J.马米亚编:《加德纳艺术通史》,湖南美术出版社2013年。

2. [美]H. W. 詹森著,戴维斯等修订:《詹森艺术史》,世界图书出版公司2013年。

3. [法]丹纳:《艺术哲学》,人民文学出版社1981年。

4. 迟轲:《西方美术史话》,中国青年出版社1983年。

5. [英]贡布里希:《艺术发展史》,天津人民美术出版社1988年。

6. 朱伯雄编:《世界美术名作鉴赏辞典》,浙江文艺出版社1991年。

7. 《大英视觉艺术百科全书》,中国台湾大英百科股份有限公司、广西出版总社、广西美术出版社1994年。

8. [意大利]翁贝托·艾柯编:《美的历史》,中央编译出版社2007年。

9. [英]保罗·约翰逊:《艺术的历史》,世纪出版集团、上海人民出版社2008年。

10. [法]雅克·蒂利耶:《艺术的历史》,百花文艺出版社2009年。

11. 《剑桥艺术史》,凤凰出版传媒集团、译林出版社2009年。

12. 陈志华主编:《西方建筑名作》,河南科学技术出版社2000年。

13. 陈志华:《外国古建筑二十讲》,三联书店2002年。

14. [英]乔纳森·格兰西:《建筑的故事》,三联书店2003年。

15. 赵鑫珊:《建筑面前人人平等》,上海辞书出版社2004年。

16. 王其钧、郭宏峰:《西方古代建筑史》，中国电力出版社 2008 年。

17. 《世界建筑图鉴》，陕西师范大学出版社 2008 年。

18. 尹国君编著:《图解西方建筑史》，华中科技大学出版社 2010 年。

19. [英]尼古拉斯·佩夫斯纳:《欧洲建筑纲要》，山东画报出版社 2011 年。

20. [日]铃木博之等:《图说西方建筑风格年表》，清华大学出版社 2013 年。

21. [英]伊恩·萨顿:《西方建筑》，广西美术出版社 2015 年。

22. 潘绍棠:《世界雕塑全集》，河南美术出版社 1989 年。

23. 李全民、石萍编著:《欧洲雕塑拾贝》，黑龙江科学技术出版社 1998 年。

24. 陈诗红、舒冉等:《全彩西方雕塑艺术史》，宁夏人民出版社 2000 年。

25. [英]汤姆·福赖恩:《人体雕塑》，中国建筑工业出版社 2004 年。

26. 邵大箴主编:《西方雕塑史图录》，河北美术出版社 2006 年。

27. 海蓝、陈洁、郭志超等:《图说西方雕塑艺术》，上海三联书店 2009 年。

28. [美]约瑟夫·曼卡、[英]帕特里克·巴德、[美]萨拉·科斯特洛:《大师雕塑 1000 例》，广西美术出版社 2012 年。

29. *MICHELANGELO*, Taschen GmbH 1998.

30. *RODIN*, Flammarion, MUSEE RODIN 2004, 2015.

图例 1-300

图 1　金字塔群及狮身人面像，埃及吉萨

图 2　哈特舍普苏特女王陵庙，埃及达尔巴赫里

图 3　阿蒙神庙，埃及卡尔纳克

图 4　阿蒙神庙圆柱，埃及卡尔纳克

图 5　阿蒙神庙方尖碑，埃及卢克索

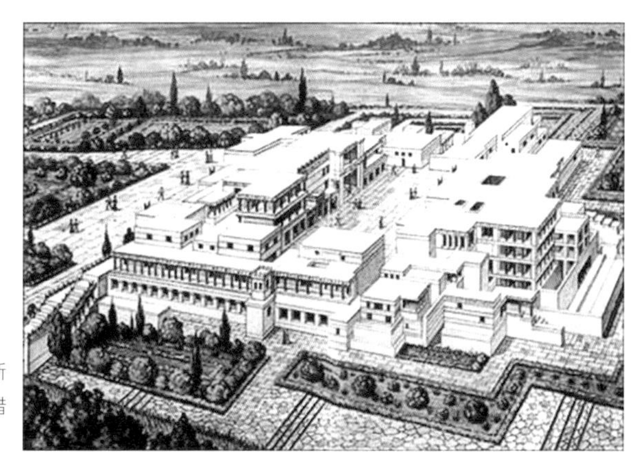

图 6　米诺斯文明克诺索斯王宫俯瞰（复原图），希腊克里特岛

图 7　卫城狮子门，希腊迈锡尼

图 8　赫拉神庙，希腊奥林匹亚

图 9　赫拉神庙，意大利柏埃斯图姆

图 10　爱法伊俄神庙，希腊爱琴纳岛

图 11　波塞冬神庙，希腊阿提卡索尼奥角

图 12　卫城远眺，希腊雅典

图 13　卫城鸟瞰，希腊雅典

图 14　卫城山门，希腊雅典

图 15　卫城帕特农神庙西侧，希腊雅典

图16　卫城帕特农神庙东侧，希腊雅典

图17　卫城雅典娜—尼刻神庙，希腊雅典

图18　卫城伊瑞克提翁神庙，希腊雅典

图 19　多立克柱式

图 20　爱奥尼亚柱式

图 21　科林斯柱式

图 22　山墙

图 23　卫城下方狄俄尼索斯剧场，希腊雅典

图 24　埃比多拉斯剧场，希腊埃比多拉斯

图 25　列雪格拉德纪念亭，希腊雅典

图 26　阿波罗神庙，土耳其迪迪马

图 27　宙斯祭坛，原位于土耳其帕加马，现完整保存于德国柏林帕加马博物馆

图 28　韦蒂住宅，意大利庞贝

图 29　秘仪别墅或庄园壁画，意大利庞贝

图 30　夫妇肖像，意大利那不勒斯

图 31　圆形剧场，意大利庞贝

图 32　博阿留广场方庙，意大利罗马

图 33　博阿留广场圆庙，意大利罗马

图 34　奥古斯都和平祭坛，意大利罗马

图 35　佩特拉神庙，约旦佩特拉

图 37　万神殿俯瞰，意大利罗马

图 36　尼姆加尔水道桥，法国尼姆

图 38　万神殿，意大利罗马

图 39　万神殿内景，意大利罗马

图 40　大角斗场俯瞰，意大利罗马

图 41　大角斗场，意大利罗马

图 42　大角斗场内景，意大利罗马

图 43　卡拉卡拉浴场俯瞰，意大利罗马

图 44　巴斯浴场，英国巴斯

图 45　提图斯凯旋门，意大利罗马

图 46　图拉真纪念柱，意大利罗马

图 47　君士坦丁凯旋门，意大利罗马

图 48　哈德良离宫，意大利蒂沃利

图 49　大黑门，德国特里尔

图 50　戴克里先宫，克罗地亚斯普利特

图 51　马克森提乌斯公堂，意大利罗马

图 52　君士坦提乌斯公堂内景，德国特里尔

图 53　圣莎比娜教堂内景，意大利罗马

图 54　圣阿波利奈尔教堂内景，意大利拉文纳

图 55　圣维塔尔教堂内景，意大利拉文纳

图 56　查理曼宫廷礼拜堂内景，德国亚琛

图 57　加拉·普拉西迪亚王陵入口处镶嵌画《善良的牧羊人》，意大利拉文纳

图 58　圣阿波利奈尔教堂天顶镶嵌画《面包和鱼的奇迹》，意大利拉文纳

图 59　圣维塔尔教堂镶嵌画《皇帝查士丁尼与侍从》，意大利拉文纳

图 60　圣索菲亚大教堂，土耳其伊斯坦布尔

图 61　圣索菲亚大教堂内景，土耳其伊斯坦布尔

图 62　圣马可大教堂，意大利威尼斯

图 63　圣马可大教堂内景，意大利威尼斯

图 65　圣安布洛乔教堂内景，意大利米兰

图64　圣安布洛乔教堂，意大利米兰

图 66　施派尔大教堂内景，德国施派尔

图 67　圣塞尔南教堂，法国图卢兹

图 68　圣塞尔南教堂内景，法国图卢兹

图 69　达勒姆大教堂，英国达勒姆

图 70　达勒姆大教堂内景，英国达勒姆

图 71　圣艾蒂安修道院教堂，法国卡昂

图 73　圣丹尼修道院，法国圣丹尼

图 72　比萨大教堂建筑群，意大利比萨

图 74　巴黎圣母院正面，法国巴黎

图 75　巴黎圣母院侧面，法国巴黎

图 76　巴黎圣母院内景（右图为 2019 年 4 月 15 日圣母院遭受火灾后的景象），法国巴黎

图 77　夏特尔主教堂，法国夏特尔

图 78　夏特尔主教堂内景，法国夏特尔

图 79　兰斯主教堂，法国兰斯

图 81　博韦主教堂内景，法国瓦兹

图 80　亚眠主教堂内景，法国皮卡第

图 82　夏特尔主教堂花窗之一，法国夏特尔

图 83　夏特尔主教堂花窗之二，法国夏特尔

图 84　路易九世圣沙佩勒教堂花窗，法国巴黎

图 85　林肯主教堂，英国林肯

图86　索尔兹伯里主教堂，英国索尔兹伯里

图87　威斯敏斯特礼拜堂正面，英国伦敦

图 88　威斯敏斯特礼拜堂侧面，英国伦敦

图 89　格洛斯特主教堂内景，英国格洛斯特

图 90　剑桥国王学院礼拜堂内景，英国剑桥

图 91　威斯敏斯特礼拜堂附属亨利七世小礼拜堂内景，英国伦敦

图 92　科隆主教堂，德国科隆

图 93　乌尔姆主教堂，德国乌尔姆

图 94　圣维特主教堂，捷克布拉格

图 95　圣巴巴拉主教堂内景，捷克库塔娜霍拉

图 96　米兰主教堂，意大利米兰

图 97　奥地利萨尔兹堡月亮湖区小教堂

图 98　德国巴伐利亚基姆湖修女岛修道院

图 99　德国巴伐利亚国王湖圣巴特洛梅修道院

图 100　奥地利哈尔施塔特镇小教堂

图 101 《法老孟卡拉与王妃立像》，美国波士顿美术博物馆

图 102 《卡培尔王子像》，埃及开罗埃及博物馆

图 103 《涅菲尔娣蒂胸像》，德国柏林国家博物馆

图 104 《拉美西斯二世神庙造像》，埃及阿布辛贝勒拉美西斯二世神庙

图 105　《垂死的牝狮》，英国伦敦大英博物馆

图 106　《持蛇女神像》，希腊克里特伊拉克列翁考古博物馆

图 107　《欧塞尔少女像》，法国巴黎卢浮宫

图 108 《荷犊者》，希腊雅典卫城博物馆

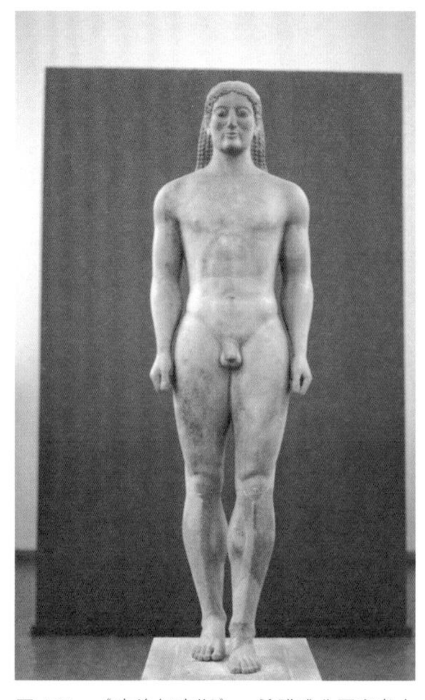

图 109 《克洛伊索斯》，希腊雅典国家考古博物馆

图 110 《着衣少女像》，希腊雅典卫城博物馆

图 111 《金发碧眼的青年头像》，希腊雅典卫城博物馆

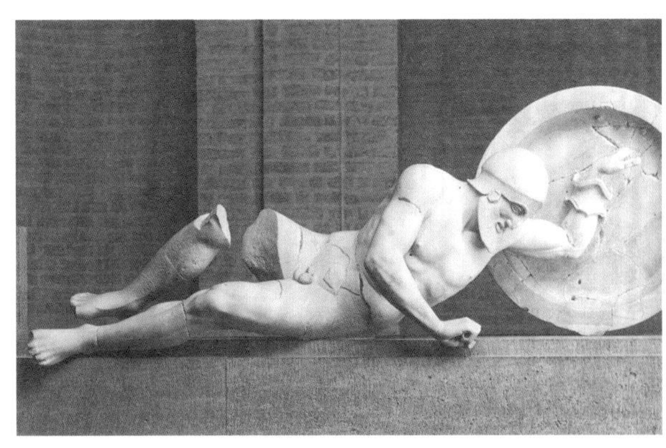

图 112 《临死的战士》，德国慕尼黑古代雕塑展览馆

图 113 《克里提奥斯的少年》，希腊雅典卫城博物馆

图 114 《拉庇泰族与肯陶洛斯人（也称半人马族）的战斗》，希腊奥林匹亚考古博物馆

图 115　《德尔菲的驾车人》，希腊德尔菲考古博物馆

图 116　《主神宙斯或海神波塞冬像》，希腊雅典国家考古博物馆

图 117　《女神阿芙罗狄忒的诞生》，意大利罗马国家博物馆阿特姆彼斯宫

图 118　《吹奏双笛的女子》，意大利罗马国家博物馆阿特姆彼斯宫

图 119　米隆：《掷铁饼者》，意大利罗马国家博物馆马西莫宫，或特尔默宫

图 120　菲狄亚斯：《泛雅典娜节队列像》之《少女与长者》，法国巴黎卢浮宫

图 121　菲狄亚斯：《三女神》，英国伦敦大英博物馆

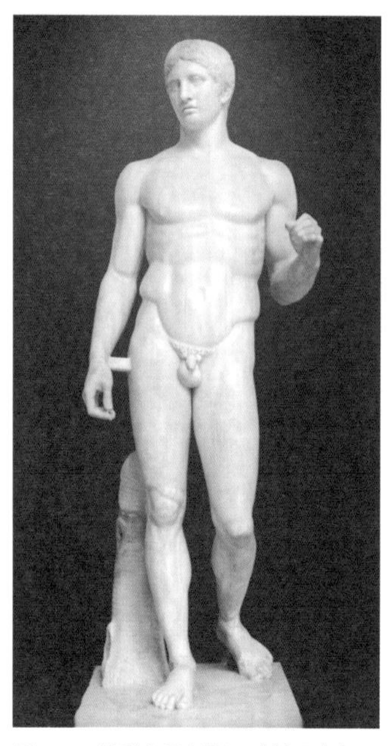

图 122　波利克里托斯：《持矛者》，意大利那不勒斯国家考古博物馆

图 123　波利克里托斯：《束发带的运动员》，希腊雅典国家考古博物馆

图 124　克雷西勒斯：《伯里克利半身雕像》，梵蒂冈博物馆

图 125　《系鞋带的尼刻》，希腊雅典卫城博物馆

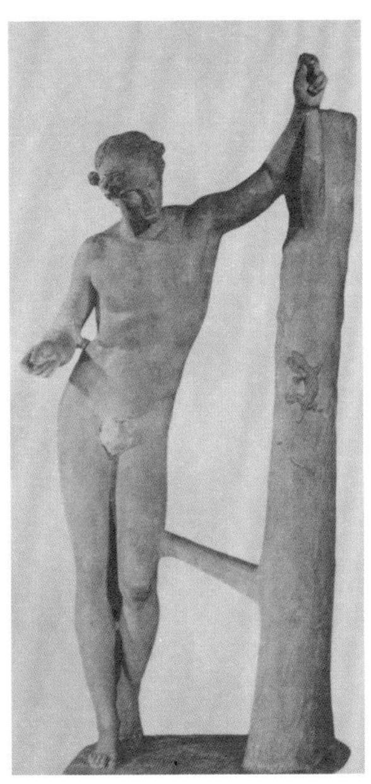

图 126　普拉克西特列斯：《捕蜥蜴的阿波罗》，梵蒂冈博物馆

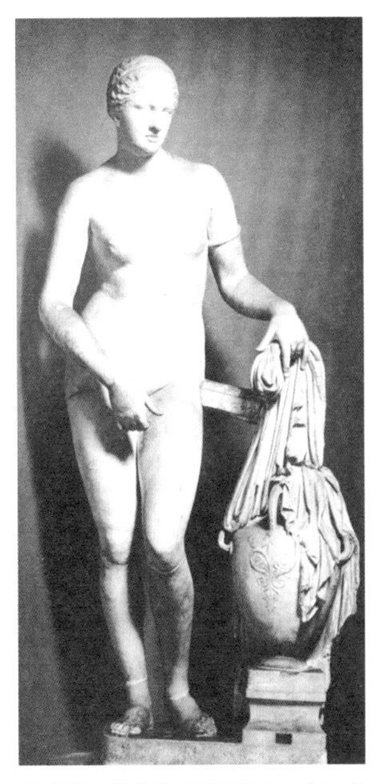

图 127　普拉克西特列斯：《尼多斯的阿芙罗狄忒》，梵蒂冈博物馆

图 128　普拉克西特列斯：《使者赫耳墨斯和婴儿狄俄尼索斯》，希腊奥林匹亚考古博物馆

图 129　留西普斯：《刮汗污的运动员》，梵蒂冈博物馆

图 130　列奥卡列斯：《观景台上的太阳神阿波罗》，梵蒂冈博物馆

图 131　《杀妻后自杀的高卢人》，意大利罗马国家博物馆阿特姆彼斯宫

图 132　《垂死的高卢人》，意大利罗马卡庇托利诺博物馆

图 133　《沉睡的萨提尔》，德国慕尼黑古代雕塑展览馆

图 134 《萨莫色雷斯岛的胜利女神尼刻》，法国巴黎卢浮宫

图 136 《拳击手》，意大利罗马国家博物馆马西莫宫，或特尔默宫

图 135 《帕加马宙斯祭坛浮雕》，德国柏林帕加马博物馆

图 137 《拔刺少年》，意大利罗马卡庇托利诺博物馆

图 138 亚历山德罗斯:《米洛的阿芙罗狄忒》，法国巴黎卢浮宫

图 139 阿格桑德罗斯、波里多罗斯、阿泰诺多罗斯:《拉奥孔》，梵蒂冈博物馆

图 140 《恺撒像》，梵蒂冈博物馆

图 141　《奥古斯都像》，梵蒂冈博物馆

图 142　《和平祭坛浮雕》，意大利罗马和平祭坛博物馆

图 143　《和平祭坛浮雕》，意大利罗马和平祭坛博物馆

图 144　《博尔盖塞家族的跳舞者》，意大利罗马博尔盖塞美术馆，或法国巴黎卢浮宫

图 145 《安东尼·庇护及其妻子老福斯蒂娜纪念柱柱础浮雕》，梵蒂冈博物馆

图 146 《圣玛德琳教堂前廊中央大门门楣浮雕》，法国韦兹莱圣玛德琳教堂前廊

图 147 《夏特尔主教堂西立面王者之门国王与王后雕像》，法国夏特尔主教堂西立面

图 148 《夏特尔主教堂南部袖廊大门侧壁圣徒雕像》，法国夏特尔主教堂南部袖廊大门侧壁

图 149 《兰斯主教堂西大门中央门廊：圣母领报与圣母往见》，法国兰斯主教堂西大门中央门廊

图 150 《瑙姆堡主教堂正殿内壁的乌塔夫妇雕像》，德国瑙姆堡主教堂正殿内壁

图 151 科尔多瓦清真寺内景，西班牙科尔多瓦

图 152 萨拉戈萨阿尔贾菲瑞亚宫内景，西班牙萨拉戈萨

图 153　格拉纳达阿尔罕布拉宫清漪院，西班牙格兰纳达

图 154　格拉纳达阿尔罕布拉宫狮子院，西班牙格兰纳达

图 155　佛罗伦萨圣乔瓦尼洗礼堂，意大利佛罗伦萨

图 156　佛罗伦萨圣明尼亚托教堂正立面，意大利佛罗伦萨

图 157　佛罗伦萨圣十字大教堂，意大利佛罗伦萨

图 158　威尼斯总督府，意大利威尼斯

图 159　佛罗伦萨主教堂及钟楼，意大利佛罗伦萨

图 160　佛罗伦萨主教堂内景，意大利佛罗伦萨

图 161　佛罗伦萨圣洛伦佐教堂内景，意大利佛罗伦萨

图 162　佛罗伦萨圣灵教堂内景，意大利佛罗伦萨

图 163　佛罗伦萨帕奇家族小礼拜堂，意大利佛罗伦萨

图 164　佛罗伦萨帕奇家族小礼拜堂内景，意大利佛罗伦萨

图 165　佛罗伦萨新圣母教堂正立面，意大利佛罗伦萨

图 166　曼图亚圣安德烈教堂，1470 年，意大利曼图亚

图 167　曼图亚圣安德烈教堂内景，1470 年，意大利曼图亚

图 168　威尼斯圣玛丽亚神迹教堂，1480—1489 年，意大利威尼斯

图 169　佛罗伦萨市政厅，意大利佛罗伦萨

图 171　美第奇府邸，意大利佛罗伦萨

图 170　佛罗伦萨孤儿院，意大利佛罗伦萨

图 172　美第奇府邸内景，意大利佛罗伦萨

图 173　鲁切莱府邸，意大利佛罗伦萨

图 174　坦比哀多小神殿，意大利罗马

图 175　圣彼得大教堂，意大利罗马

图 176　圣彼得大教堂内景，意大利罗马

图 177　由圣彼得大教堂穹顶俯瞰广场，意大利罗马

图 178　佛罗伦萨洛伦佐图书馆内景，意大利佛罗伦萨

图 179　罗马圣顶广场，意大利罗马

图 180　威尼斯圣马可广场图书馆与造币厂，意大利威尼斯

图 181　法尔尼斯府邸，意大利罗马

图 182　维琴察圆厅别墅，意大利维琴察附近

图 183　曼图亚德泰府邸，意大利曼图亚

图 184　乌菲齐府邸，意大利佛罗伦萨

图 185　庄严圣乔治马乔里教堂，意大利威尼斯

图 186　威尼斯救世主教堂，意大利威尼斯

图 187　卢瓦河谷香博堡，法国卢瓦河谷

图 188　卢瓦河谷香博堡内景，法国卢瓦河谷

图 189　卢瓦河谷雪侬瑟堡，法国卢瓦河谷

图 190　枫丹白露宫，法国枫丹白露

图 191　卢浮宫，法国巴黎

图 192　埃斯科里亚尔宫，西班牙马德里

图 194　圣彼得大教堂华盖，意大利罗马

图 196　罗马四喷泉圣卡罗教堂，意大利罗马

图 193　罗马耶稣会教堂，意大利罗马

图 195　圣彼得大教堂广场环廊，意大利罗马

图 198　罗马圣伊沃教堂，意大利罗马

图 200　罗马圣安德烈教堂，意大利罗马

图 197　罗马四喷泉圣卡罗教堂内景，意大利罗马

图 199　罗马纳沃那广场圣阿涅塞教堂，意大利罗马

图 201　威尼斯安康圣母教堂，意大利威尼斯

图202　都灵圣尸衣礼拜堂内景，意大利都灵

图 203　都灵卡里那诺宫，意大利都灵

图 204　凡尔赛宫，法国巴黎

图 205　凡尔赛宫内景，法国巴黎

图 206　恩瓦立德教堂，法国巴黎

图 207　伦敦圣保罗大教堂，英国伦敦

图 209　梅尔克修道院，奥地利梅尔克

图 208　牛津郡布伦汉姆府邸，英国牛津郡

图210　维也纳圣卡尔斯克切教堂，奥地利维也纳

图 212　雷根斯堡韦尔登堡修道院内景，德国雷根斯堡附近

图 211　维也纳美景宫，奥地利维也纳

图 213 慕尼黑圣约翰·尼波姆克教堂内景，德国慕尼黑

图 214 德累斯顿茨威格宫，德国德累斯顿

图 215 巴黎瓦朗日维尔公馆房间，法国巴黎

图 216　巴黎苏比斯府公主厅，法国巴黎

图 217　慕尼黑宁芬堡阿马林堡镜厅内景，德国慕尼黑

图 218　维尔兹堡主教宫，德国维尔兹堡

图 219　维斯克切朝圣教堂内景，德国上巴伐利亚州斯泰因豪森

图 220　圣彼得—保罗教堂，俄罗斯圣彼得堡

图 221　冬宫，俄罗斯圣彼得堡

图 222　卢浮宫东立面，法国巴黎

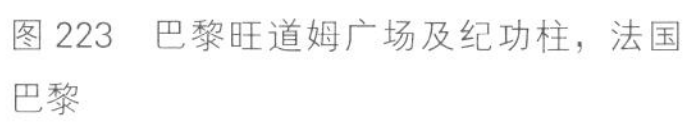

图 223　巴黎旺道姆广场及纪功柱，法国巴黎

图 224　巴黎先贤祠，法国巴黎

图 225　巴黎法国大剧院，法国巴黎

图 226　巴黎凯旋门，法国巴黎

图 227　巴黎玛德莱娜教堂，法国巴黎

图 228　伦敦近郊齐斯威克宅邸，英国伦敦近郊

图 229　巴斯皇家新月楼连排住宅，英国巴斯

图230　爱丁堡皇家高级中学，苏格兰爱丁堡

图231　伦敦大英博物馆，英国伦敦

图232　柏林勃兰登堡门，德国柏林

图 233　柏林阿尔特斯博物馆或古代博物馆，德国柏林

图 234　波茨坦夏洛滕霍夫宫，德国波茨坦

图 235　雷根斯堡瓦尔哈拉，德国雷根斯堡

图 236　弗吉尼亚杰弗逊蒙蒂瑟洛住宅，美国弗吉尼亚夏洛茨维尔

图 237　弗吉尼亚议会大厦，美国弗吉尼亚里奇蒙德

图 238　弗吉尼亚大学，美国弗吉尼亚夏洛茨维尔

图 239　美国国会大厦，美国华盛顿

图 240　圣彼得堡喀山圣女教堂，俄罗斯圣彼得堡

图 241　圣彼得堡伊萨基辅主教堂，俄罗斯圣彼得堡

图 242　圣彼得堡新海军部大楼，俄罗斯圣彼得堡

图 243　伦敦议会大厦，英国伦敦

图 244　巴黎歌剧院，法国巴黎

图 245　罗马爱默纽埃勒二世纪念碑，意大利罗马

图 246　巴伐利亚新天鹅堡，德国巴伐利亚菲森

图 247　巴黎圣心教堂，法国巴黎

图 248　布莱顿皇家亭阁，英国布莱顿

图 249　上海外滩建筑群，中国上海

图 250　华盛顿林肯纪念堂，美国华盛顿

图 251　多纳泰罗：《圣马可》，意大利佛罗伦萨圣米迦勒园中教堂博物馆

图 252　多纳泰罗：《圣乔治》，意大利佛罗伦萨巴杰罗国家博物馆

图 253　多纳泰罗：《大卫像》，意大利佛罗伦萨巴杰罗国家博物馆

图 254　多纳泰罗：《加塔梅拉塔骑马像》，意大利佛帕多瓦圣安东尼广场

图 255　波拉约洛：《赫拉克勒斯与安泰乌斯》，意大利佛罗伦萨巴杰罗国家博物馆

图 256　委罗基奥：《大卫像》，意大利佛罗伦萨巴杰罗国家博物馆

图 257　委罗基奥：《科莱奥尼骑马像》，意大利威尼斯圣乔凡尼与圣保罗教堂

图 258　米开朗琪罗：《圣母怜子》，意大利罗马圣彼得大教堂

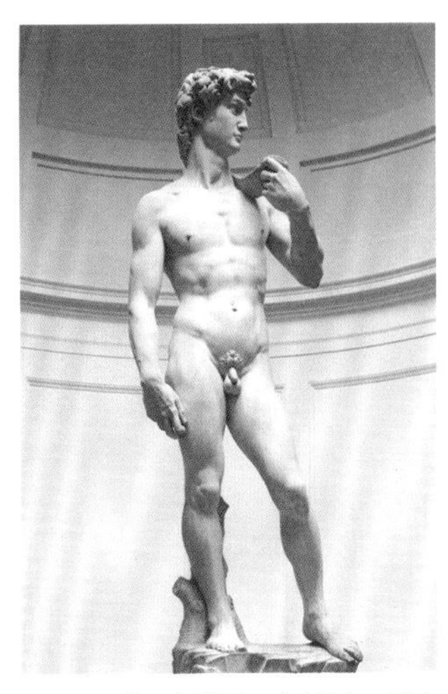

图 259　米开朗琪罗：《大卫》，意大利佛罗伦萨艺术学院美术馆

图 260　米开朗琪罗：《罗马教皇尤利乌斯二世陵墓之摩西像》，意大利罗马圣彼得镣铐教堂

图 261　米开朗琪罗：《被缚的奴隶》，法国巴黎卢浮宫

图 262　米开朗琪罗：《朱理安诺·美第奇陵墓及夜（女）与昼（男）》意大利佛罗伦萨圣洛伦佐教堂内的美第奇家族礼拜堂

图 263　米开朗琪罗：《洛伦佐·美第奇陵墓及暮（男）与晨（女）》，意大利佛罗伦萨圣洛伦佐教堂内的美第奇家族礼拜堂

图 264　切利尼：《弗兰索瓦一世盐瓶》，奥地利维也纳艺术史博物馆

图 265　普利马提乔：《埃唐普公爵夫人房间浮雕》，法国枫丹白露宫

图 266　让·古戎:《纯真之泉山林水泽仙女浮雕》，法国巴黎卢浮宫

图 267　阿玛纳蒂:《海神尼普顿喷泉》，意大利佛罗伦萨市政厅广场

图 268　詹博洛尼亚:《战胜比萨的佛罗伦萨》，意大利佛罗伦萨巴杰罗国家博物馆

图 269　詹博洛尼亚：《信使墨丘利》，意大利佛罗伦萨巴杰罗国家博物馆

图 270　詹博洛尼亚：《掠夺萨宾妇女》，意大利佛罗伦萨兰奇长廊

图 271　贝尼尼：《冥王普鲁托劫夺女神珀耳塞弗涅》，意大利罗马博尔盖塞美术馆

图 272　贝尼尼：《阿波罗与达芙尼》，意大利罗马博尔盖塞美术馆

图 273　贝尼尼:《科尔纳罗礼拜堂祭坛》与《圣特雷萨的沉迷》，意大利罗马维陶利亚圣玛丽亚教堂

图 274　贝尼尼:《四河喷泉雕塑》，意大利罗马纳沃那广场

图 275　萨尔维:《许愿泉雕塑》 意大利罗马特雷维喷泉

图 276　杰拉尔东：《太阳神阿波罗与仙女们》，法国凡尔赛宫花园

图 277　皮热：《克洛东的米伦》，法国巴黎卢浮宫

图 278　库斯图：《马夫制服惊马》，法国巴黎卢浮宫

图 279　阿萨姆：《圣母升天》，德国雷根斯堡罗尔修道院

图 280　科拉蒂尼：《羞怯》，意大利那不勒斯圣塞维罗礼拜堂

图 281　法尔孔奈：《小爱神》，法国巴黎卢浮宫

图 282　法尔孔奈：《花神福罗拉》，俄罗斯圣彼得堡冬宫博物馆

图 283　乌东：《伏尔泰像》，法国巴黎法兰西喜剧院

图 284　乌东：《寒冬》，美国纽约大都会艺术博物馆

图 285　卡诺瓦：《普绪克被爱神厄洛斯唤醒》，法国巴黎卢浮宫

图 286　卡诺瓦：《扮成维纳斯的保琳·波拿巴》，意大利罗马博尔盖塞美术馆

图 287　托瓦尔森：《拿着金羊毛的伊阿宋》，丹麦哥本哈根托瓦尔森博物馆

图 288 上　克莱森热尔：《被蛇咬的女人》，法国巴黎奥赛博物馆

图 288 下　舍内韦尔：《年轻的塔伦蒂娜》，法国巴黎奥赛博物馆

图 289　吕德：《马赛曲》，法国巴黎凯旋门

图 290　卡尔波：《花神》，法国巴黎卢浮宫

图 291　卡尔波：《舞蹈》，法国巴黎奥赛博物馆

图 292　罗丹：《青铜时代》，法国巴黎奥赛博物馆

图 293　罗丹：《思想者》，法国巴黎罗丹博物馆

图 294　罗丹：《吻》，法国巴黎罗丹博物馆

图 295　罗丹：《沉思》，法国巴黎罗丹博物馆

图 296　罗丹：《加莱义民》，法国加莱市、法国巴黎罗丹博物馆

图 297　罗丹：《巴尔扎克像》，法国巴黎罗丹博物馆

图 298　布代尔：《大力神赫拉克勒斯弯弓》，法国巴黎奥赛博物馆

图 299　马约尔：《地中海》，法国巴黎奥赛博物馆

图 300　马约尔：《河流》，法国巴黎杜伊勒里公园